应用型本科院校工程类专业精品教材

测量学

胡晓斌 编著

中国科学技术大学出版社

内 容 简 介

本书依据我国现代化基准测绘体系内容，介绍了由平面测量确定地理空间点位置的理论、技术、方法及应用案例，并介绍了CGCS2000坐标系、北斗卫星导航系统、RTK测量系统等现代化测绘基准的相关内容。

本书适合本科及专科院校测绘工程、遥感科学与技术、地理信息科学、地质工程、土木工程、交通工程、建筑工程、水利工程等专业作为教材使用，也可供从事相关专业工作的科学技术人员参考。

图书在版编目(CIP)数据

测量学/胡晓斌编著. —合肥:中国科学技术大学出版社,2019.2
ISBN 978-7-312-04587-5

Ⅰ.测… Ⅱ.胡… Ⅲ.测量学 Ⅳ.P2

中国版本图书馆CIP数据核字(2019)第022167号

出版	中国科学技术大学出版社
	安徽省合肥市金寨路96号,230026
	http://www.press.ustc.edu.cn
	https://zgkxjsdxcbs.tmall.com
印刷	合肥华苑印刷包装有限公司
发行	中国科学技术大学出版社
经销	全国新华书店
开本	787 mm×1092 mm 1/16
印张	10.75
字数	275千
版次	2019年2月第1版
印次	2019年2月第1次印刷
定价	32.00元

前　言

　　本书是面向教育部应用型高等学校测绘工程、遥感科学与技术、地理信息科学、地质工程、土木工程、交通工程、建筑工程和水利工程等专业学生编写的教材，可作为相关专业本科和专科教学用书，也可供从事测绘工程、遥感科学与技术、地理信息科学、地质工程、土木工程、交通工程、建筑工程和水利工程等相关专业工作的科学技术人员参考。

　　本书统筹大地测量学和平面测量学内容，删减了经典测量学理论中的过时内容，融入了现代化基准测绘体系中的实践应用理论，力争做到现代和经典、基础和应用、实践和创新多位一体的有机融合。

　　本书依据我国现代化基准测绘体系内容，介绍了由平面测量确定地理空间点位置的理论、技术、方法及应用案例，并介绍了CGCS2000坐标系、北斗卫星导航系统、RTK测量系统等现代化测绘基准的相关内容。

　　本书的出版得到了宿州学院教授（博士）科研启动基金（项目编号：2014jb03）的资助；在编写过程中，得到了单位领导和同事的大力支持和帮助，特别是主讲"测量学"课程的教学团队；在出版过程中，得到了中国科学技术大学出版社相关编辑的热情帮助，他们提出了很多宝贵的意见和建议，在此一并致以衷心的感谢。最后，要特别感谢我的妻子和家人，没有她们在背后的默默付出，我是不可能完成此书的。

　　对于书中存在的错误和不足之处，恳请读者批评指正。

作　者

2018年4月于武汉

目 录

前言 ……………………………………………………………………………………（ⅰ）

第1章　测量学概述 …………………………………………………………………（1）
1.1　测绘科学与技术学科 ……………………………………………………………（1）
1.2　从大地测量学到平面测量学 ……………………………………………………（5）
1.3　测量学发展简史 …………………………………………………………………（5）
1.4　测量学的分类 ……………………………………………………………………（6）
思考题 …………………………………………………………………………………（8）

第2章　地球基础理论 …………………………………………………………………（9）
2.1　地球形状和大小 …………………………………………………………………（9）
2.2　地球参考椭球 ……………………………………………………………………（9）
2.3　用水平面代替大地水准面 ………………………………………………………（11）
2.4　测量工作基本原则 ………………………………………………………………（12）
思考题 …………………………………………………………………………………（14）

第3章　水准测量 ………………………………………………………………………（15）
3.1　水准测量原理 ……………………………………………………………………（15）
3.2　水准测量仪器 ……………………………………………………………………（16）
3.3　水准仪的使用 ……………………………………………………………………（18）
3.4　水准测量外业实施 ………………………………………………………………（20）
3.5　水准测量内业计算 ………………………………………………………………（23）
3.6　水准仪检验与校正 ………………………………………………………………（29）
3.7　水准测量误差分析 ………………………………………………………………（31）
3.8　其他水准仪 ………………………………………………………………………（32）
思考题 …………………………………………………………………………………（34）

第4章　角度测量 ………………………………………………………………………（36）
4.1　水平角和竖直角测量原理 ………………………………………………………（36）
4.2　认识经纬仪 ………………………………………………………………………（37）
4.3　经纬仪的使用 ……………………………………………………………………（40）
4.4　角度测量内业计算 ………………………………………………………………（41）

4.5 经纬仪的检验与校正 ………………………………………………（46）
4.6 角度测量误差分析 …………………………………………………（49）
4.7 其他经纬仪 …………………………………………………………（50）
思考题 …………………………………………………………………（52）

第 5 章 距离测量 ……………………………………………………………（54）
5.1 直线定线 ……………………………………………………………（54）
5.2 钢尺量距 ……………………………………………………………（54）
5.3 普通视距测量 ………………………………………………………（56）
5.4 光电测距 ……………………………………………………………（58）
思考题 …………………………………………………………………（61）

第 6 章 坐标测量 ……………………………………………………………（62）
6.1 平面理论 ……………………………………………………………（62）
6.2 全站仪 ………………………………………………………………（67）
6.3 全站仪程序 …………………………………………………………（70）
6.4 全站仪的检验与校正 ………………………………………………（76）
6.5 卫星定位原理 ………………………………………………………（78）
6.6 卫星定位方法 ………………………………………………………（79）
6.7 RTK 测量系统 ………………………………………………………（82）
6.8 RTK 测量作业 ………………………………………………………（88）
思考题 …………………………………………………………………（93）

第 7 章 控制测量 ……………………………………………………………（95）
7.1 平面控制测量 ………………………………………………………（95）
7.2 平面控制测量方法 …………………………………………………（96）
7.3 高程控制测量 ………………………………………………………（104）
7.4 卫星导航定位控制网 ………………………………………………（105）
思考题 …………………………………………………………………（106）

第 8 章 碎部测量 ……………………………………………………………（107）
8.1 碎部测图概述 ………………………………………………………（107）
8.2 碎部测图方法 ………………………………………………………（108）
8.3 测量碎部点方法 ……………………………………………………（111）
8.4 地物测绘 ……………………………………………………………（112）
8.5 地貌在地形图上的表示 ……………………………………………（115）
8.6 地貌测绘 ……………………………………………………………（119）
8.7 地形图修测 …………………………………………………………（126）

思考题 ·· (127)

第9章 测量误差基本知识 ·· (128)
9.1 测量误差 ·· (128)
9.2 准确度和精确度 ··· (130)
9.3 误差传播定律 ·· (133)
9.4 广义算术平均值及权 ··· (134)
思考题 ·· (138)

第10章 测绘工程应用 ·· (140)
10.1 线路纵断面测量 ··· (140)
10.2 线路横断面测量 ··· (144)
10.3 建筑物倾斜测量 ··· (146)
10.4 地形测量综合实习 ·· (149)
思考题 ·· (162)

参考文献 ·· (163)

第1章 测量学概述

测量学是大地测量学的重要组成部分,而大地测量学是测绘科学与技术学科的重要分支。

1.1 测绘科学与技术学科

测绘科学与技术学科是研究测定和推算地面的几何位置、地球形状及地球重力场,据此测量地球表面自然形态和人工设施的几何分布,并结合某些社会信息和自然信息的地球分布,编制全球和局部地区各种比例尺的地图和专题地图的理论和技术的学科。测绘科学与技术学科是地球科学的重要组成部分。根据《中华人民共和国学科分类与代码国家标准》(GB/T 13745—2009),测绘科学与技术是一级学科,编号为0816,分为大地测量学、摄影测量与遥感、地图制图技术、工程测量、海洋测绘、测绘仪器和测绘科学技术其他学科7个二级学科。

1.1.1 大地测量学

大地测量学是研究和确定地球的形状、大小、重力场、整体与局部运动和地表面点的几何位置以及它们的变化的理论和技术的学科。现代大地测量学科可以分成3个由以下基本分支为主所构成的基本体系:几何大地测量学、物理大地测量学和空间大地测量学。

1. 几何大地测量学

几何大地测量学也称为天文大地测量学。它的基本任务是确定地球的形状、大小和确定地面点的几何位置。主要内容包括国家大地测量控制网,即平面控制网和高程控制网建立的基本原理和方法,精密角度、距离和水准的测量,地球椭球数学性质、椭球面上测量计算、椭球数学投影变换和地球椭球几何参数的数学模型等。

2. 物理大地测量学

物理大地测量学也称为理论大地测量学。它的基本任务是用物理方法(重力测量)确定地球形状及其外部重力场。主要内容包括位理论、地球重力场、重力测量及其归算,推求地球形状及外部重力场的理论和技术等。图1-1示意了利用地球重力场认知真实地球形状的过程,从早期的圆球到椭球,再到现在的类似梨状的不规则球体。

3. 空间大地测量学

空间大地测量学主要研究以人造卫星和其他空间探测器为代表的空间大地测量的理论、技术和方法。它的基本任务是用空间定位理论确定空间探测器在宇宙中的位置。主要

图 1-1 地球形状认知过程

图 1-2 65 m 射电望远镜

内容包括空间定位、卫星激光测距（Satellite Laser Ranging，简称 SLR）、甚长基线干涉测量（Very Long Baseline Interferometry，简称 VLBI）等技术，利用这些技术可以推求出探测器在宇宙坐标系中的位置。图 1-2 给出的是中国科学院上海天文台用于 VLBI 观测的 65 m 射电望远镜。

随着科学理论和技术的不断发展，大地测量学科的研究内容和应用范围发生了革命性的变化。现代大地测量技术已经超越了过去传统的局限，从区域性大地测量发展为全球性大地测量，从地球表面研究延伸至地球内部研究，从静态大地测量发展为动态大地测量，由测绘地球发展为测绘月球和太阳系其他行星，在地学领域及航天探测等空间技术领域发挥着重要的作用。

1.1.2 摄影测量与遥感

摄影测量与遥感学科是研究摄影影像与被摄物体之间的内在几何和物理关系，进行分析、处理和解译，以确定被摄物体的形状、大小和空间位置，并判定其性质的一门学科。按照摄影距离的远近，摄影测量与遥感可以分为航天摄影测量、航空摄影测量、低空摄影测量、地面近景摄影测量和显微摄影测量。根据摄影平台的高低，摄影测量还可以进一步细分，如表 1-1 所示。

表 1-1 摄影测量平台

遥感平台	高度	目的、用途	其他
航天飞机	240～350 km	不定期地球观测、空间试验	
无线电探空仪	100 m～100 km	各种调查（气象等）	
超高度喷气机	10000～12000 m	侦查、大范围调查	
中低高度飞机	500～8000 m	各种调查、航空摄影测量	
飞艇	500～3000 m	各种侦查、各种调查	
直升机	100～2000 m	各种调查、航空摄影测量	
无线遥控飞机	500 m 以下	各种调查、航空摄影测量	飞机、直升机
牵引飞机	50～500 m	各种调查、航空摄影测量	牵引滑翔机

续表

遥感平台	高度	目的、用途	其他
系留飞机	50~500 m	各种调查	
系留气球	800 m 以下	各种调查	
索道	10~40 m	遗址调查	
吊车	5~50 m	地面实况调查	
地面测量车	0~30 m	地面实况调查	车载升降台

1.1.3 地图制图技术

航天、航空遥感技术和导航定位技术的发展和应用,为地图制作提供了快速、丰富、真实、源源不断的信息来源,同时也为解决大范围、全球高精度定位难题提供了基本理论和方法。数字摄影测量和数字图像处理技术的成熟和完善,突破了时空的限制,改变了传统地图制图的模式,可以直接编制大范围的小比例尺地图,极大地丰富了专题地图的内容,从而形成了新的地图成图技术。我国测绘地理信息局,依托测绘科学与技术,研发了切合我国测绘专业特色的天地图门户网站。

1.1.4 工程测量

工程测量通常是指在工程建设的勘测设计、施工和管理阶段中运用的各种测量理论、方法和技术的总称。传统的工程测量技术涵盖的应用领域包括建筑、水利、交通、矿山等部门,其基本内容有测绘和测设两部分。现代工程测量已经远远突破了仅仅为工程建设服务的概念,它不仅涉及工程的静态、动态以及几何和物理特性的测定,还包括对测量结果的分析,甚至对物体发展变化的趋势预测。图1-3示意了利用全站仪进行桥梁梁部偏心测量的应用。

图1-3 桥梁梁部偏心测量

1.1.5 海洋测绘

海洋测绘学是以海洋水体和海底为对象,研究海洋定位,测定海洋大地水准面和平均海面、海底和海面地形、海洋重力、海洋磁力、海洋环境等自然和社会信息的地理分布,以及编制各种海图的理论和技术的学科。图1-4为利用多波束进行海底地形测绘的示意图。

图1-4 多波束海底地形测绘

1.1.6 测绘仪器

测绘仪器是研究测量仪器的制造、改进和创新的学科。测绘科学与技术的发展,离不开测绘仪器的不断革新。从传统的平板测图仪到全站仪再到现在的集成测量系统,测绘仪器都发挥着重要的作用。图1-5给出的是武汉大学研发的低成本、高精度无人机激光扫描测量系统珞珈麒麟云-Ⅰ。

图1-5 珞珈麒麟云-Ⅰ

1.1.7 测绘科学技术其他学科

测绘科学技术的其他学科是指与测绘科学技术相关的交叉学科。1962年,Tomlinson提出利用计算机处理和分析大量的土地利用地图数据,并建议加拿大土地调查局建立加拿大地理信息系统,以实现专题地图的叠加、面积量算等。1972年,加拿大地理信息系统全面投入运行与使用,成为世界上第一个运行型的地理信息系统。发展到现在理论、技术和应用都非常完整的地理信息系统,就是计算机科学技术和测绘科学与技术交叉衍生出来的新兴学科。

1.2 从大地测量学到平面测量学

一般情况下,测量学可以分成两个分支:大地测量学和平面测量学。平面测量学的研究范围是测区面积不大的地球表面,以至于在这个范围内地球表面被认为是平面且不损害测量精度,计算时也认为在该范围内的铅垂线是彼此平行的。大地测量学研究的则是全球或相当大范围内的地球,在该范围内,铅垂线被认为彼此不平行,同时必须考虑地球的形状及重力场,之所以需要考虑地球重力场是因为地球重力对研究地球形状、对高精度测量及数据处理都有不可忽略的重要作用。

大地测量学经过不断的发展和完善,已形成了完整的体系。主要包括:以研究建立国家大地测量控制网为中心内容的应用大地测量学;以研究坐标系建立、地球椭球性质以及投影数学变换为主要内容的大地椭球测量学;以研究测量天文经度、纬度及天文方位角为中心内容的大地天文测量学;以研究重力场及重力测量方法为中心内容的大地重力测量学;以研究大地测量控制网平差为主要内容的测量平差等。

大地测量学的发展还与一系列相关学科的发展有着紧密的关系,特别是电子学和空间科学的发展,电子计算机、人造地球卫星以及声呐等科学技术的出现和发展,使得大地测量学同其他学科相结合,出现了许多新的研究方向和分支,极大地发展和丰富了常规大地测量学的内容和体系。

1.3 测量学发展简史

测量学是研究对地球整体及其表面和外层空间中各种自然和人造物体上与地理空间分布有关的信息进行采集、处理、管理、更新和应用的科学和技术。广义上讲,测量学是根据一定的原理模型,获取描述目标对象特性的观测值,经过数据处理,对观测目标进行定量化描述的过程。学科专业上讲,更多的是指测绘科学与技术下的测量学课程。

测量的出现源于人类认识世界与改造世界的需要。早在公元前4000年的古埃及,由于尼罗河水的泛滥,两岸大量的农田土地被淹没,在洪水退去后,为了重新划定农田的边界,就出现了丈量土地的早期测量。为了测定时间，古埃及人通过天文观测的方法，确定了一年内有 365 天，这是当时古埃及王国通用的历法。金字塔作为这个时期的科技成果，体现出当时人们对于距离和角度的测量方法和测量仪器都达到了很高的水平。公元前 6 世纪，古希腊的毕达哥拉斯（Pythagoras）提出了地球形状的概念，使得人类对于地球的认识从局部扩展到了整体；公元前 3 世纪，古希腊著名学者亚里士多德（Aristotle）在其著作 On the Heavens 中，通过在不同地理位置上观测北极星位置的变化，推算出地球大圆的周长为 4×斯特迪亚（"斯特迪亚"是古埃及以及古希腊通用的长度单位），并明确提出了地球的形状是圆的，且对于地球形状做了进一步的论证；公元前 3 世纪，古罗马帝国将从事基础测量的人员独立出来，出现了测量员这一职业；公元前 263 年，我国数学家刘辉在《海岛算经》中论述了远距离测量的方法；公元前 2 世纪，埃拉托斯特尼（Eratosthenes）利用在南北两地同时观测日影的方法首次推算出地球子午圈的周长。在人类认识地球的过程中，测量理论和技术方法得到了飞速的发展。1551 年，Foullon 系统地描述了平板仪的测图原理；1569 年，荷兰地图学家墨卡托（Mercator）创立了墨卡托投影，即正轴等角圆柱投影法，是至今仍然常用的海图投影法；1571 年，Digges 在其著作 A Geometric Practice Named Pantometria 中描述了用于测量水平角的经纬仪；1576 年，Habermel 利用指南针和三脚架制作了经纬仪；1725 年，Sission 首次将望远镜整合到经纬仪上；1615 年，德国数学家 Snellius 提出了三角测量理论，为控制测量奠定了理论基础；1617 年，荷兰的斯涅耳（Snell）创立了三角测量方法，它是几何大地测量学中建立国家大地网和工程测量控制网的基本理论；1733 至 1740 年间，Cassini 父子重新测定了子午线弧长，并在 1745 年出版了法国的第一张地图；1787 年，Ramsden 制作了第一台精准的经纬仪；1784 年，英国开始使用三角测量理论进行地形测量，直至 1853 年完成；1808 年，Bonaparte 开创了地籍测量，主要包含土地的价格、用途和名称；20 世纪 50 年代，Wadley 使用微波发射器和接收器进行远距离高精度测量；20 世纪 50 年代末，出现了电磁测距仪；1960 年，美国第一代卫星定位系统 TRANSIT 发射成功，主要用于军事定位，之后，美国空军发射了 Global Positioning System（GPS）试验卫星；20 世纪 70 年代，整合了角度和距离测量的全站仪出现。

在普通测量学领域，水准仪、经纬仪、全站仪的测量理论和方法仍然是基础。同时，空间导航定位技术、摄影测量与遥感、三维扫描技术、无人机技术和雷达技术成为测量领域中的生力军。

1.4 测量学的分类

1.4.1 发展阶段分类

通过上述发展简史可以看出，测量学可以分为普通测量和现代测量。普通测量主要是利用传统的水准仪、经纬仪和全站仪进行地形测图。现代测量开始于 20 世纪 90 年代以后，以空间导航定位、摄影测量与遥感以及地理空间信息技术为代表的现代测量技术应用于传统的测绘工程或者项目时，在满足同等精度要求前提下，无论是劳动强度还是作业时间都大大缩减。本书将两者结合起来进行论述,并删去普通测量教学中的过时理论,适当加入现代测量阶段中的新理论和新方法。

1.4.2 测量内容分类

测量学是伴随着人类认识世界和改造世界的过程而产生的,相应地测量学可以分为测定和测设。

测定是使用测量仪器和设备,通过测量和计算,得到一系列测量数据,在软件中将地球表面的地貌和地物缩制图综合成地形图,供经济建设、规划设计、科学研究和国防建设使用。图1-6示意了利用全站仪测定地形图的过程。

图1-6 测定示意图

相反,把图上设计好的建筑物和构筑物的位置标定到实地中,叫作测设,也叫作放样。图1-7示意了利用北斗导航定位系统进行放样的过程。

图1-7 北斗导航施工放样

思 考 题

1. 什么是测绘科学与技术？它可以分成哪些学科？
2. 什么是测量学和大地测量学？两者之间关系如何？
3. 简述测量学发展历史。
4. 测量学分类标准有哪些？如何分类？
5. 什么是测定？试举例说明。
6. 什么是测设？试举例说明。
7. 地球曲率对测绘成果有何影响？
8. 现代测量技术有哪些？试举例说明。
9. 测绘技术在各相关领域中有哪些具体应用？

第 2 章　地球基础理论

2.1　地球形状和大小

地球的自然表面高低起伏不平,其形状十分复杂。如图 2-1 所示,地球上最高点位于珠穆朗玛峰顶岩石面,2005 年国家测绘地理信息局(原国家测绘局)精确测定的海拔高程为 8844.43 m;地球上最低点位于马里亚纳群岛附近海沟的斐查兹海渊,在海平面以下 11034 m。在地球上,海洋的面积占 71%,陆地的面积占 29%。

(a) 珠穆朗玛峰测绘标志点　　　　　　(b) 马里亚纳海沟地形

图 2-1　地球上最高和最低处

由于地球是一个不规则的复杂体,为了能够量化地物在地球上的空间位置等信息,通常用规则的球体来表达真实的地球。利用空间技术理论,结合天文测量方法,可以用椭球来表示真实地球。在测量中,为了表示地物在地球上的高低起伏状态,引入大地水准面概念。大地水准面是指在重力作用下,与静止的平均海水面相重合穿过陆地而形成的封闭曲面。同时,大地水准面包围的地球形体,叫作大地体。

2.2　地球参考椭球

由于大地水准面是不规则的曲面,无法准确描述和计算,也难以在其面上处理测量成果,因此,用一非常接近大地水准面的数学面即旋转椭球面代替大地水准面,用旋转椭球体描述真实地球,作为描述地球表面空间位置的基准,称为地球参考椭球。

2.2.1 地球参考椭球

地球参考椭球可以分为总地球椭球和局部参考椭球。与全球范围内的大地水准面最佳拟合构成的椭球,称为总地球椭球;与某个区域的大地水准面最佳拟合构成的椭球,称为局部参考椭球。

2.2.2 测量外业基准

在测量工程中,一般可以分为外业测量和内业数据处理两个过程。外业测量主要完成数据采集工作,内业是对外业采集到的数据进行处理,以满足工程项目的规范要求。

外业测量的基准面是大地水准面,外业测量的基准线是重力铅垂线。在测量过程中,小范围测绘区域内,可以近似认为重力线是相互平行的,把大地水准面作为水平面进行处理。

2.2.3 测量内业基准

1. 基准面——参考椭球面

参考椭球面是一个以椭圆的短轴为旋转轴的旋转椭球体的表面,参考椭球体的大小和真实地球十分接近,参考椭球面可用数学模型表示,其几何示意如图 2-2 所示。参考椭球面是测量内业计算的基准面。

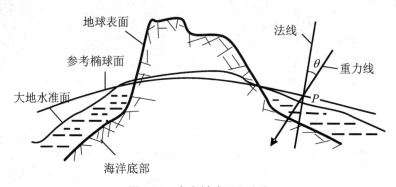

图 2-2 参考椭球面和法线

参考椭球面具有以下 4 点特性:
(1) 代表地球的数学表面。
(2) 大地测量计算的基准面。
(3) 研究大地水准面的参考面。
(4) 地图投影的参考面。

2. 基准线——法线

在进行内业数据处理时,其理论计算的基准线是法线,如图 2-2 中与地球上任意一点 P 的切线相垂直的直线。

2.3 用水平面代替大地水准面

在小范围区域内,用水平面可以代替大地水准面。此时,地球曲率会对水平距离、角度和高差产生一定的影响。

2.3.1 地球曲率变化对水平距离的影响

地球曲率变化对水平距离的影响如图 2-3 所示。图中,A 为地球上任意一点,DE 表示大地水准面,S 表示 AB 的弧长,t 表示 S 对应的水平距离,R 表示地球半径,θ 表示弧 AB 对应的圆心角。

弧长 S 和水平距离 t 之间的几何关系如下:

$$\begin{aligned}\Delta S &= t - S \\ &= R(\tan\theta - \theta) \\ &= R\left(\frac{1}{3}\theta^3 + \frac{2}{15}\theta^5 + \cdots\right)\end{aligned} \quad (2-1)$$

根据泰勒公式,取式(2-1)中的第一项,可得

$$\Delta S = \frac{1}{3}\frac{S^3}{R^2} \quad (2-2)$$

量化地球曲率变化对水平距离的影响,当 $S = 10$ km 时,距离测量的相对误差精度为 $\frac{\Delta S}{S} = \frac{1}{1217700}$;当 $S = 20$ km 时,距离测量的相对误差

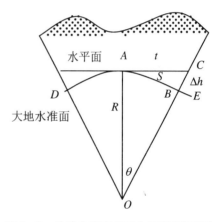

图 2-3 地球曲率变化对水平距离的影响

精度为 $\frac{\Delta S}{S} = \frac{1}{304400}$。根据我国距离测量规范,精密距离测量时的容许误差为 $1/10^6$,因此,在 100 km² 范围内,进行距离测量时可以不考虑地球曲率的影响。

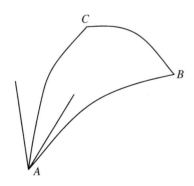

图 2-4 地球曲率变化对角度的影响

2.3.2 地球曲率变化对角度的影响

地球曲率变化对角度的影响如图 2-4 所示,图中 A、B、C 为地球上任意的三点。

由球面三角理论可知,同一个空间多边形在球面上投影的各内角之和,较其在平面内投影的各内角之和大一个球面角超 ε 的数值,其计算公式为

$$\begin{cases}\varepsilon = \rho'' \dfrac{P}{R^2} \\ \varepsilon = \angle A + \angle B + \angle C - 180°\end{cases} \quad (2-3)$$

式中,P 表示球面多边形的面积;R 表示地球的半径;ρ 表示角度制和弧度制的转换量,$\rho = 180 \times 360'' \div \pi = 206265''$。

量化地球曲率变化对角度的影响,当 $P = 10 \text{ km}^2$ 时,$\varepsilon = 0.05''$;当 $P = 100 \text{ km}^2$ 时,$\varepsilon = 0.51''$。表明地球曲率变化对水平角的影响很小,在精密测量工程中才需要考虑。

2.3.3 地球曲率变化对高差的影响

如图 2-3 所示,在 △AOC 中,有

$$(R + \Delta h)^2 = R^2 + t^2 \tag{2-4}$$

这里 $t \approx S$,可得出地球曲率变化对高差的影响如下:

$$\Delta h = \frac{S^2}{2R} \tag{2-5}$$

量化地球曲率变化对高差的影响,当 $S = 10 \text{ km}$ 时,$\Delta h = 7.8 \text{ m}$;当 $S = 100 \text{ km}$ 时,$\Delta h = 0.78 \text{ m}$。由此可以看出即使在很小的范围内,也要考虑地球曲率变化对高差的影响。

2.4 测量工作基本原则

2.4.1 测量原则

在测量工作过程中,一般遵循以下 3 个原则进行作业:
(1) 从整体到局部。
(2) 先控制后碎部。
(3) 复测复算,步步检核,前一步工作未检核不进行后一步工作。
按照这 3 个原则开展测量工作,具有以下 3 个优点:
(1) 减少误差积累。
(2) 避免错误发生。
(3) 提高工作效率。

2.4.2 测量单位

测量作业就是使用不同精度的测量仪器,测量"高差""距离"和"角度"3 个基本量。

1. 长度单位

对于距离测量的长度单位,根据不同国家的规范和习惯,常见的有英制单位、市制单位和公制单位。

英制单位:海里、码、英尺、英寸。

市制单位:里、丈、尺、寸。

公制单位:千米、米、分米、厘米、毫米。

在我国,以公制单位作为长度的法定量度。其中,米的科学定义是子午线长度的1/40000000。早在18世纪,法国科学院就派出测量队进行"弧度测量",随后以测得的子午线弧长的1/40000000作为长度的基本单位,称为米。后来,为了使用方便,用铂金属制造了几根长1米的尺子,称为米的原尺。当时条件下,世界各国的长度标准都是由这几根原尺派生复制而来的。

常用的长度单位换算如下:

$$1 \text{ km} = 1000 \text{ m}$$
$$1 \text{ m} = 10 \text{ dm} = 100 \text{ cm} = 1000 \text{ mm}$$
$$1 \text{ 英里} = 1.6093 \text{ km}$$
$$1 \text{ 码} = 3 \text{ 英尺}$$
$$1 \text{ 英尺} = 12 \text{ 英寸} = 30.48 \text{ cm}$$
$$1 \text{ 英寸} = 2.54 \text{ cm}$$
$$1 \text{ 海里} = 1.852 \text{ 千米} = 1852 \text{ m}$$
$$1 \text{ 里} = 500 \text{ m}$$
$$1 \text{ 丈} = 10 \text{ 尺}$$
$$1 \text{ 尺} = \frac{1}{3} \text{ m}$$
$$1 \text{ 尺} = 10 \text{ 寸}$$

2. 时间单位

传统的时间标准是用天文测量方法测定的,将测量仪器的望远镜指向天顶,连续两次通过望远镜纵丝的时间间隔就等于24时,1时的$\frac{1}{3600}$就等于1秒。当然更为精确的秒要用一年甚至几年的时间间隔细分才能求得。自20世纪70年代起,以原子钟时间为新的时间标准。

3. 角度单位

根据角度单位不同的表示形式,可以分为弧度制和角度制。在角度制下,常见的又有2进制、10进制、16进制和60进制。

60进制角度单位表示为度、分、秒。

10进制角度单位表示为新度、新分、新秒。

在弧度制下,一圆周=2π。

常见的角度单位换算如下:

$$1° = 60' = 3600''$$
$$1 \text{ 弧度} = 57.3° = 3434' = 206265''$$
$$1^g(\text{新度}) = 100^c(\text{新分}) = 10000^{cc}(\text{新秒})$$
$$1 \text{ 新度} = 0.9°$$
$$1 \text{ 新分} = 0.54'$$
$$1 \text{ 新秒} = 0.324'$$

思 考 题

1. 什么是总参考椭球？什么是局部参考椭球？两者各自应用在哪些领域？
2. 测量内业、外业的基准面和基准线分别是什么？
3. 什么是大地水准面？大地水准面有无穷多个吗？
4. 测量工作的基本量是什么？
5. 测量工作的基本原则是什么？
6. 为什么在 100 km² 范围内，水准面曲面可以看作平面？
7. 角度换算中，弧度和度、分、秒是如何换算的？
8. 在半径为 6371 km 的地球表面有一段 10 km 的圆弧，其所对应的圆心角为多少弧度？用度、分、秒表示又为多少？
9. 在土地确权中，有一块 600 m 长、200 m 宽的矩形土地，其面积为多少公顷？合多少亩？

第3章 水准测量

3.1 水准测量原理

水准测量的基本原理是利用水准仪提供水平视线,读取水准尺的读数,测定两点间的高差,根据已知点高程推求未知点高程值。如图3-1所示,已知A点高程值H_A,水准仪在A点标尺上的读数为a,水准仪在B点标尺上的读数为b,对于未知点B的高程值H_B的计算有两种方法:高差法和视线高法。高差法计算公式为

$$h_{AB} = a - b \tag{3-1}$$

$$H_B = H_A + h_{AB} \tag{3-2}$$

视线高法计算公式为

$$H_i = H_A + a \tag{3-3}$$

$$H_B = H_i - b \tag{3-4}$$

当$a>b$时,h_{AB}为正,表明B高于A;当$a<b$时,h_{AB}为负,表明B低于A。

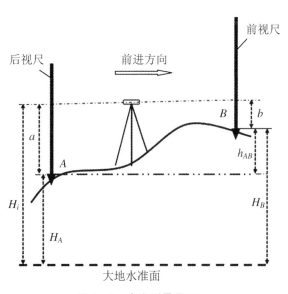

图3-1 水准测量原理

只测定一个前视点时,使用高差法计算。在测定多个前视点时,使用视线高法计算。在进行水准测量时,常用的测量仪器有水准仪、水准尺、尺垫以及三脚架。

3.2 水准测量仪器

3.2.1 水准仪

常用的水准仪有 DS05、DS1、DS3、DS10、DS20 等型号。这里，D 表示大地测量仪器；S 表示水准仪；数字表示水准仪的测量精度，即每 1 公里往、返测得高差中数的中误差，单位为 mm。在水准测量中，常用 DS3 型水准仪，其构造主要由望远镜、水准器、基座三部分组成，如图 3-2 所示。

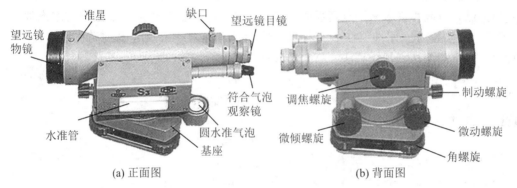

图 3-2 DS3 型水准仪各组件示意图

1. 望远镜

望远镜由物镜、目镜、十字丝分划板、调焦透镜、调焦螺旋等组成。DS3 型水准仪的望远镜的放大倍数一般为 25～30 倍，其内部结构如图 3-3 所示。

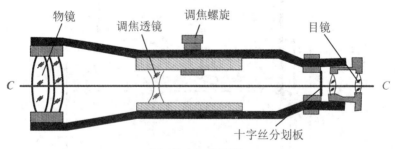

(a) 望远镜内部结构图

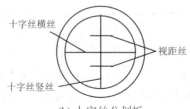

(b) 十字丝分划板

图 3-3 望远镜内部结构示意图

2. 水准器

水准器的作用是整平仪器，使视准轴处于水平位置。在 DS3 型水准仪中，水准器包括圆水准气泡和水准管两个部件。

圆水准气泡的作用是进行粗略整平，精度一般为 $8'\sim10'/2\ \text{mm}$，表示气泡中心偏离零点 2 mm 所对的圆心角为 $8'\sim10'$，其结构如图 3-4 所示。

在测量工作中，圆水准气泡难以满足高精度的测量要求，因此，为了进行精确整平，DS3 型水准仪增加了水准管。水准管的结构如图 3-5 所示，其精度 τ 一般为 $20''/2\ \text{mm}$，τ 的计算公式为

$$\tau = \frac{2}{R}\rho'' \qquad (3-5)$$

从式(3-5)可以看出，R 越大，τ 越小，表示水准管的灵敏度越高。

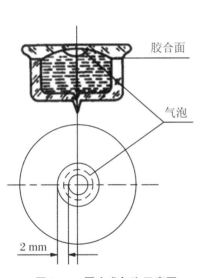

图 3-4 圆水准气泡示意图

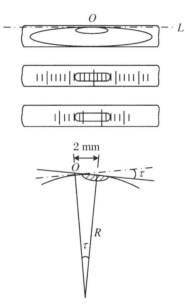

图 3-5 水准管示意图

3. 基座

基座部分由轴座、脚螺旋和连接板三个部件组成，如图 3-6 所示。各部件的作用如下：

(1) 轴座用于承托仪器上部。
(2) 调节脚螺旋可使圆水准气泡居中。
(3) 连接板用于连接三脚架。

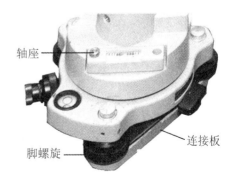

图 3-6 基座结构示意图

3.2.2 水准尺和尺垫

1. 水准尺

在测量工作中，常用的水准尺可以分为塔尺、单面尺和双面尺。

塔尺一般全长 3 m 或 5 m，可以伸缩，主要用于等外水准测量。

单面尺的尺长不等,尺面分划为 1 cm,每 10 cm 处注有数字。

双面尺一般全长 3 m,不可伸缩,用于三、四等水准测量,如图 3-7 所示。

2. 尺垫

尺垫的作用是为了防止待测点位移动和水准尺下沉,如图 3-8 所示。在水准测量过程中,仅在转点处竖立水准尺时使用。

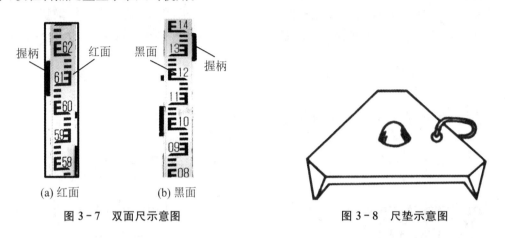

图 3-7 双面尺示意图　　　　图 3-8 尺垫示意图

3.3 水准仪的使用

水准仪的使用,可以简要概括为安置—粗平—瞄准—精平—读数这样 5 个步骤,具体如下:

1. 安置仪器

在仪器安置过程中,首先将三脚架的高度调整适中,使架头大致水平,然后将基座上的连接板和三脚架上的固接螺丝连接起来,防止仪器跌落损坏。

2. 粗略整平

水准仪粗略整平的目的是使圆水准气泡居中,这时视准轴粗略水平。有两种方法:第一种方法是固定两条腿,前后移动、左右摆动一条腿,使圆水准气泡居中;第二种方法是旋转脚螺旋,使圆水准气泡居中。在利用三个脚螺旋进行粗平过程中,遵循左手拇指法则,如图 3-9 所示。

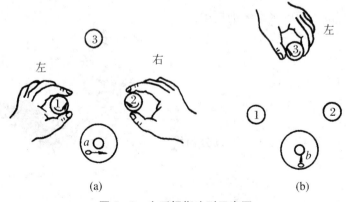

图 3-9 左手拇指法则示意图

3. 瞄准水准尺

在瞄准水准尺时,要调节目镜螺旋,使目标和十字丝成像清晰。在水准测量过程中,这一过程可以细分成以下 4 个步骤:

(1) 初步瞄准,用准星对准目标。
(2) 目镜调焦,使十字丝清晰。
(3) 物镜调焦,使目标成像清晰。
(4) 精确瞄准,使纵丝对准目标。

在瞄准目标时,要注意是否存在视差,如果存在,首先消除,然后再进行瞄准。这里,视差是指在目镜和物镜对光时,目标的影像不在十字丝平面上,造成两者不能同时被看清,从而影响目标读数。在水准测量过程中,可通过认真仔细调焦来消除视差。

4. 精确整平

精确整平的目的是使水准管气泡居中,实现视准轴精确水平。在使用时,可以通过调节微倾螺旋,使水准管气泡符合,如图 3-10 所示。

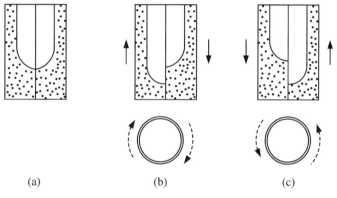

图 3-10 水准管精平示意图

5. 读数

根据十字丝横丝在水准尺上按从小到大的方向读数,读至 mm 位,共 4 位数字,最后一位为估读数字。如图 3-11 所示的读数为 0.860 m。

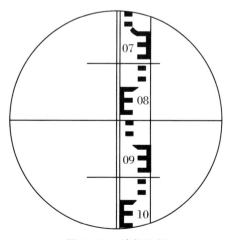

图 3-11 读数示例

在读数前,必须严格精平,在精平后立即读数。

3.4 水准测量外业实施

3.4.1 专业术语

在水准测量工作中,常用的专业术语有以下10个。
(1) 测站:测量仪器所安置的地点。
(2) 水准路线:进行水准测量时行走的路线。
(3) 后视:水准路线的后视方向。
(4) 前视:水准路线的前视方向。
(5) 视线高程:后视高程+后视水准尺读数。
(6) 视距:水准仪至水准尺的水平距离。
(7) 水准点:水准测量的固定标志。
(8) 水准点高程:标志点顶面的高程。
(9) 转折点:水准测量中起传递高程作用的中间点。

(10) 水准路线布设形式。图 3-12 给出了几种水准路线的布设形式。图 3-12(a)为附合水准路线:从一个已知高程水准点开始,到另一个已知高程水准点,所完成的水准路线叫附合水准路线。图 3-12(b)为闭合水准路线:从一个已知高程水准点开始,再回到起始已知水准点,所完成的水准路线叫闭合水准路线。图 3-12(c)为支水准路线:从一个已知高程水准点开始,到一个未知测量点,所完成的水准路线叫支水准路线。

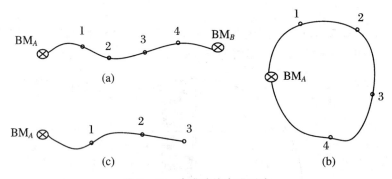

图 3-12 水准路线布设形式

3.4.2 普通水准测量

普通水准测量是将水准尺立于已知高程点的水准点上作为后视,水准仪置于施测路线附近合适的位置,在施测路线的前进方向上,取仪器至后视大致相当的位置放置尺垫,在尺垫上竖立水准尺作为前视。观测员将仪器用圆水准器粗平之后瞄准后视水准尺,用微倾螺旋将水准管气泡居中,用中丝读后视读数至 mm。掉转望远镜瞄准前视水准尺,此时水准管气泡一般会偏离中心少许,将气泡居中,用中丝读数前视读数。记录员根据观测员的读数在水准记录手簿中记下相应的数字,并立即计算高差。以上为第一个测站的全部工作。

第一测站工作结束之后,记录员招呼后标尺员向前转移,并将仪器牵至第二测站。此时,第一测站的前视点便成为第二测站的后视点。依第一测站相同的方法进行第二测站的工作。

依次沿着水准路线方向施测直至全部路线测完为止。

3.4.3 三、四等水准测量

国家三、四等水准测量的精度要求较普通水准测量的精度要高,技术指标如表 3-1 所示。三、四等水准测量的水准尺,通常采用木质的两面有分划的红黑面双面尺,其中,黑、红面读数差表示水准尺的两面读数去掉常数之后所容许的差数。

表 3-1 三、四等水准测量规范指标

等级	仪器类型	标准视线长度(m)	后、前视距差(m)	后、前视距差累积(mm)	黑、红面读数差(mm)	黑、红面所测高差之差(mm)	检测间歇点高差之差(mm)
三	S_3	75	2.0	5.0	2.0	3.0	3.0
四	S_3	100	3.0	10.0	3.0	5.0	5.0

三、四等水准测量在一测站上水准仪照准双面水准尺的顺序为:
(1) 照准后视标尺黑面,按视距丝、中丝读数。
(2) 照准前视标尺黑面,按中丝、视距丝读数。
(3) 照准前视标尺红面,按中丝读数。
(4) 照准后视标尺红面,按中丝读数。
这样的顺序简称为"后—前—前—后"(黑、黑、红、红)。

四等水准测量每站观测顺序也可为"后—后—前—前"(黑、红、黑、红)。无论何种顺序,视距丝和中丝的读数均应在水准管气泡居中时读取。

四等水准测量的观测记录手簿如表 3-2 所示。表内带括号的号码为观测读数和计算的顺序。(1)~(8)为观测数据,其余为计算所得。

测站上的计算与检核,高差部分:

$$(9) = (4) + K - (7)$$
$$(10) = (3) + K - (8)$$
$$(11) = (10) - (9)$$

(10)及(9)分别作为后、前视标尺的黑、红面读数之差,(11)为黑、红面所测高差之差。

K 表示后、前视标尺黑、红面零点的差数。在表 3-2 中,5 号尺的 $K = 4787$,6 号尺的 $K = 4687$。

$$(16) = (3) - (4)$$
$$(17) = (8) - (7)$$

表 3-2　四等水准测量记录手簿

____年____月____日　　始____时____分　　终____时____分
观测者_____　　记录者_____　　第_____组

测站编号	点号	后尺 上丝 / 后尺 下丝 / 后视距 / 视距差 d	前尺 上丝 / 前尺 下丝 / 前视距 / 累计视距差 $\sum d$	方向及尺号	水准尺读数 黑面	水准尺读数 红面	黑+K−红	高差中数	备　注
		(1)	(5)	后视	(3)	(8)	(10)		限差规定:
		(2)	(6)	前视	(4)	(7)	(9)		(9) = (4) + K − (7)
		(12)	(13)	后−前	(16)	(17)	(11)	(18)	(10) = (3) + K − (8)
		(14)	(15)						(11) = (10) − (9)
				后 5					(12) = (1) − (2)
				前 6					(13) = (5) − (6)
				后−前					(14) = (12) − (13)
									(15) = 本站的(14) + 前站的(15)
				后 6					
				前 5					(16) = (3) − (4)
				后−前					(17) = (8) − (7)
									(18) = [(16) + (17)]/2
				后 5					视距长度(12)(13) ≤ 50 m
				前 6					
				后−前					前后视距差(14) ≤ 5 m
									前后视距累计差(15) ≤ 10 m
				后 5					
				前 6					黑−红(即(16)−(17)) ≤ 3 mm
				后−前					
									黑面、红面高差较差(即(11)) ≤ 5 mm
				后 6					附合或环线闭合差 ≤ $20\sqrt{L}$
				前 5					
				后−前					
每页校核									

(16)表示黑面所算得的高差,(17)表示红面所测得的高差。由于两根尺子黑、红面零点差不同,所以(16)并不等于(17)。在表 3-2 中,(16)与(17)应相差 100。因此,(11)可以作为一次检核计算。

$$(11) = (16) \pm 100 - (17)$$

视距部分:

$$(12) = (1) - (2)$$
$$(13) = (5) - (6)$$
$$(14) = (12) - (13)$$
$$(15) = 本站的(14) + 前站的(15)$$

(12)表示后视距离,(13)表示前视距离,(14)表示前、后视距离差,(15)表示前、后视距累积差。

观测结束后的计算与检核,高差部分:

$$\sum(3) - \sum(4) = \sum(16) = h_黑$$
$$\sum\{(3) + K\} - \sum(8) = \sum(10)$$
$$\sum(8) - \sum(7) = \sum(17) = h_红$$
$$\sum\{(4) + K\} - \sum(7) = \sum(9)$$
$$(18) = h_中 = \frac{1}{2}(h_黑 + h_红)$$

$h_黑$、$h_红$分别表示一测段黑面、红面所得高差,$h_中$为高差中数。

视距部分:

$$末站(15) = \sum(12) - \sum(13)$$
$$总视距 = \sum(12) + \sum(13)$$

若测站上有关观测限差超限,在本站检查发现后可立即重测;若迁站后才检查发现,则应从水准点或者转折点起重新观测。

3.5 水准测量内业计算

3.5.1 我国高程基准系统

高程基准是推算国家统一高程控制网中所有水准高程的起算依据,它包括一个水准基面和一个永久性水准原点。国家高程基准根据验潮资料确定水准原点高程及其起算面。目前,我国常用的高程系统主要包括"1956 年黄海高程""1985 年国家高程基准""吴淞高程基准"和"珠江高程基准"四种。

1. 1956 年黄海高程

我国于 1956 年规定以黄海(青岛)的多年平均海平面作为统一基面,叫"1956 年黄海高程"系统,作为我国第一个国家高程系统,从而结束了过去高程系统繁杂的局面。该高程系以青岛验潮站 1950~1956 年验潮资料算得的平均海面为零,原点设在青岛市观象山。1956 年黄海高程水准原点的高程是 72.289 m。该高程系与其他高程系的换算关系为

"1956 年黄海高程" = "1985 年国家高程基准" + 0.029(m)

"1956 年黄海高程" = "吴淞高程基准" − 1.688(m)

"1956 年黄海高程" = "珠江高程基准" + 0.586(m)

2. 1985 年国家高程基准

由于"1956 年黄海高程"计算基面所依据的青岛验潮站的资料系列(1950~1956 年)较短等原因,我国测绘主管部门决定重新计算黄海平均海面,以青岛验潮站 1952~1979 年的潮汐观测资料为计算依据,得到了"1985 年国家高程基准",并用精密水准测量出位于青岛的中华人民共和国水准原点。1985 年国家高程基准于 1987 年 5 月开始启用,1956 年黄海高程系同时废止。1985 年国家高程基准水准原点的高程是 72.260 m,习惯说法是"新的比旧的低 0.029 m",黄海平均海平面是"新的比旧的高"。该高程系与其他高程系的换算关系为

"1985 年国家高程基准" = "1956 年黄海高程" − 0.029(m)

"1985 年国家高程基准" = "吴淞高程基准" − 1.717(m)

"1985 年国家高程基准" = "珠江高程基准" + 0.557(m)

3. 吴淞高程基准

"吴淞高程基准"采用上海吴淞口验潮站 1871~1900 年实测的最低潮位所确定的海面作为基准面。该系统自 1900 年建立以来,一直为长江的水位观测、防汛调度以及水利建设所采用。在上海地区,与其他高程系的换算关系为

"吴淞高程基准" = "1956 年黄海高程" − 1.6297(m)

"吴淞高程基准" = "1985 年国家高程基准" − 1.6007(m)

远离上海的地区,换算关系有所不同:

"吴淞高程基准" = "1956 年黄海高程" + 1.688(m)

"吴淞高程基准" = "1985 年国家高程基准" + 1.717(m)

"吴淞高程基准" = "珠江高程基准" + 2.27(m)

4. 珠江高程基准

珠江高程基准是以珠江基面为基准的高程系,在广东地区应用较为广泛。该高程系与其他高程系的换算关系为

"珠江高程基准" = "1956 年黄海高程" − 0.586(m)

"珠江高程基准" = "1985 年国家高程基准" − 0.557(m)

"珠江高程基准" = "吴淞高程基准" − 2.274(m)

以上四种高程基准之间的差值为各地区精密水准网点之间的差值平均值,具体数据取自《城市用地竖向规划规范》(CJJ 83—1989)。

3.5.2 单站水准测量

单站水准测量如图 3-13 所示,实施步骤如下:

(1) 安置仪器于 A、B 之间,立尺于 A、B 点上。

(2) 粗略整平。

(3) 瞄准后视 A 尺,精平,读数 a,记录 1.568 m。
(4) 瞄准前视 B 尺,精平,读数 b,记录 1.471 m。
(5) 计算:$h_{AB} = a - b = 1.568 - 1.471 = 0.115(\text{m})$,即 B 点比 A 点高 0.115 m。同理,$h_{BA} = -h_{AB} = -0.115(\text{m})$,即 A 点比 B 点低 0.115 m。

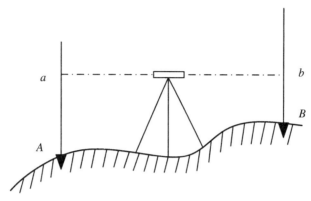

图 3-13 单站水准测量

3.5.3 连续水准测量

当两点相距较远或高差较大时,需连续安置水准仪测定相邻各点间的高差,最后取各个高差的代数和,即可得到起、终两点间的高差。如图 3-14 所示,在 A、B 两水准点之间,设 3 个临时性的转点。

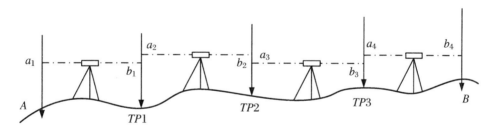

图 3-14 连续水准测量

对每个测站的高差,计算如下:
$$h_1 = a_1 - b_1$$
$$h_2 = a_2 - b_2$$
$$h_3 = a_3 - b_3$$
$$h_4 = a_4 - b_4$$

A、B 两点之间的高差计算公式如下:
$$h_{AB} = h_1 + h_2 + h_3 + h_4 \tag{3-6}$$

由此,可以推导出 A、B 两点高差的一般计算公式如下:
$$h_{AB} = \sum_{i=1}^{n}(a_i - b_i) \tag{3-7}$$

这里 n 表示测站数。

例如,如图 3-15 所示的一段附合水准路线测量,A 点的高程值为 123.446 m,各测站的观测值已在图中标注,求解 B 点的高程值。(为保证高程传递的准确性,在相邻测站的观测过程中,必须使转点保持稳定。)

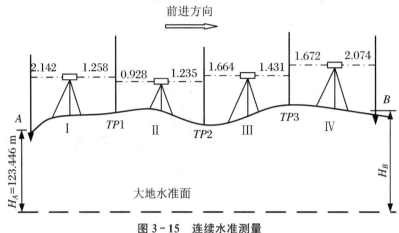

图 3-15 连续水准测量

根据图 3-15 所示的连续水准测量,可以将观测值记录到水准测量手簿表格中,根据连续水准测量公式,计算出 B 点的高程值,如表 3-3 所示。

表 3-3 水准测量记录手簿

测站	点号	水准尺读数		高差(m)	高程(m)	备注
		后视(a)	前视(b)			
Ⅰ	A	2.142		+0.884	123.456	已知
	$TP1$		1.258			
Ⅱ	$TP1$	0.928		-0.307		
	$TP2$		1.235			
Ⅲ	$TP2$	1.664		+0.233		
	$TP3$		1.431			
Ⅳ	$TP3$	1.672		-0.402	123.864	
	B		2.074			
计算检核	$\sum$	6.406	5.998	+0.408	+0.408	
		$\sum(a-b)=0.408$				

3.5.4 水准测量检核

1. 外业测站检核

在水准测量工作中,要对观测值进行检核,保证前、后视读数的正确。通常,可以采用双面尺法和变动仪器高法进行检核。

变动仪器高法是在同一测站上变动仪器高,相差 10 cm 左右,两次测出高差;在等外水准测量中,其差值 $|\Delta h| \leqslant 6$ mm,取其平均值作为最后结果。

双面尺法是采用黑、红面的水准尺,利用双面的零点差检核观测量。

2. 内业计算检核

内业检核的目的是根据水准测量路线形式所符合的几何条件,检核高差和高程计算是否正确。在图 3-15 给出的附合水准路线测量中,其检核条件如下:

$$\begin{cases} \sum h = 0.408 \text{(m)} \\ \sum a - \sum b = \sum h = H_B - H_A \\ \sum a - \sum b = 6.406 - 5.998 = 0.408 \text{(m)} \\ H_B - H_A = 123.854 - 123.446 = 0.408 \text{(m)} \end{cases} \quad (3-8)$$

如果上述等式条件成立,则表明计算正确。

3. 成果检核

水准测量时,一般将已知水准点和待测水准点组成一条水准路线。在水准测量施测过程中,测站检核只能检核一个测站上是否存在错误或误差是否超限。计算检核只能发现每页计算是否有误。一条水准路线必须进行成果检核。

3.4.5 内业检核改正

在内业计算过程中,如果观测值与理论值的差值符合测量规范要求,接下来要进行的就是检核改正。

在水准测量中,高差的观测值与理论值之差即为高差闭合差,一般用 f_h 表示,即

$$f_h = \sum h_{测} - \sum h_{理}$$

根据我国不同等级水准测量规范,以等外水准测量为例,高差闭合差的允许值如下:

$$\begin{cases} 平地: f_{h允} \leqslant \pm 40\sqrt{L} \text{(mm)} \quad (L \text{ 表示水准路线的长度,单位 km}) \\ 山地: f_{h允} \leqslant \pm 12\sqrt{n} \text{(mm)} \quad (n \text{ 表示水准路线上的测站数}) \end{cases}$$

根据计算出的 f_h 和 $f_{h允}$,判断 $f_h \leqslant f_{h允}$ 是否成立,如果成立,则可以进行改正;如果不成立,则表明观测数据超限,必须重新观测。

针对不同形式的水准路线,f_h 的计算如下。

进行附合水准路线测量时,有

$$\sum h_{理} = H_{终} - H_{始}$$

$$\sum h_{测} = h_1 + h_2 + h_3 + \cdots + h_n$$

$$f_h = \sum h_{测} - \sum h_{理} = \sum h_{测} - (H_{终} - H_{始})$$

进行闭合水准路线测量时,有

$$\sum h_{理} = 0$$

$$\sum h_{测} = h_1 + h_2 + h_3 + \cdots + h_n$$

$$f_h = \sum h_{测} - \sum h_{理} = \sum h_{测}$$

进行支水准路线测量时,有

$$\sum h_{理} = 0$$

$$\sum h_{测} = \sum h_{往} + \sum h_{返}$$

$$f_h = \sum h_{测} - \sum h_{理} = \sum h_{往} + \sum h_{返}$$

例如,如图 3-16 所示的附合水准路线,A、B 两点的已知高程值分别为 $H_A = 65.376$ m 和 $H_B = 68.623$ m,各测段高差、测站数、距离在图中均已标出,试解求水准点 1、2 和 3 的高程值。

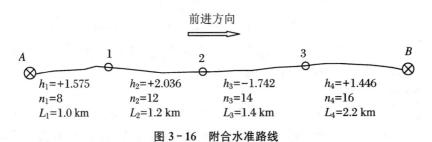

图 3-16 附合水准路线

根据水准测量内业检核改正步骤,首先计算高差闭合差:

$$f_h = \sum h - (H_B - H_A)$$
$$= 3.315 - (68.623 - 65.376)$$
$$= +0.068(\text{m})$$

按照测量规范,计算允许的高程闭合差:

$$f_{h允} = \pm 40\sqrt{L} = \pm 40\sqrt{5.8} = \pm 96(\text{mm})$$

检核水准测量精度是否符合要求:

$$|f_h| = 68(\text{mm}) \leqslant |f_{h允}| = 96(\text{mm})$$

然后,计算观测值的改正数。改正方法是与测段距离(或测站数)成正比,反其符号改正到各相应的高差上,即得改正后高差。具体如下:

$$v_i = -f_h\Big/\sum L \times L_i \quad (按照距离改正)$$

$$v_i = -f_h\Big/\sum n \times n_i \quad (按照测站数改正)$$

这里,以第 1 测段为例,测段改正数为

$$v_i = -f_h\Big/\sum L \times L_i = -(0.068/5.8) \times 1 = -0.012(\text{m})$$

在计算时,可以所有改正数是否满足 $\sum v_i = -f_h$ 作为检核条件。

由此,改正后高差计算如下:

$$h_{i改} = h_i + v_i$$

这里,以第 1 测段为例,改正后的高差为

$$h_{1改} = h_{1测} + v_1 = +1.575 - 0.012 = +1.563(\text{m})$$

同理,可根据 $\sum h_{i改} = H_B - H_A$ 这个条件进行检核。

最后,计算水准点高程值:

$$H_i = H_{i-1} + h_{i改}$$

这里,以第 1 测段为例,1 点的高程值为

$$H_1 = H_A + h_{1改} = 65.376 + 1.563 = 66.939(m)$$

在计算时,可根据 $H_{B计算} = H_{B已知} = 66.623(m)$ 这个条件进行检核。

最终得各计算值如表 3-4 所示。

表 3-4 高程值计算

测段	点号	距离(km)	测站数	实测高差(m)	改正值	改正后高差	高程(m)	备注
1	A	1.0	8	+1.575	-0.012	+1.563	65.376	已知
2	1	1.2	12	+2.036	-0.014	+2.022	66.939	
3	2	1.4	14	-1.742	-0.016	-1.758	68.961	
4	3	2.2	16	+1.446	-0.026	+1.420	67.203	
∑	B	5.8	50	+3.315	-0.068	+3.247	68.623	已知
辅助计算	\multicolumn{8}{c}{$f_h = +0.068(m)$ $L = 5.8(km)$ $-f_h/L = 0.012(m)$ $F_{h允} = \pm 40\sqrt{5.8} = \pm 96(mm)$}

3.6 水准仪检验与校正

3.6.1 水准仪各主要轴线关系

根据水准测量原理,水准仪可抽象成如图 3-17 所示的几何模型。在几何模型中,主要轴线有视准轴 CC、水准管轴 LL、仪器竖轴 VV 和圆水准器轴 $L'L'$。各轴线的关系如下:

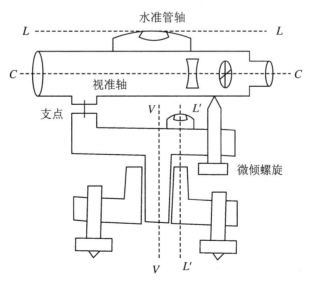

图 3-17 水准仪几何轴线

(1) 圆水准器轴//仪器竖轴。
(2) 水准管轴//视准轴。
(3) 十字丝横丝⊥竖轴。

3.6.2 圆水准器的检验和校正

水准仪圆水准器检校的目的是为了保证圆水准器轴平行于仪器竖轴,如图3-18所示。具体检验步骤如下:
(1) 用脚螺旋使圆水准器气泡居中。
(2) 将望远镜旋转180度,若气泡仍居中,表明满足要求;若气泡不居中,则需要进行校正。

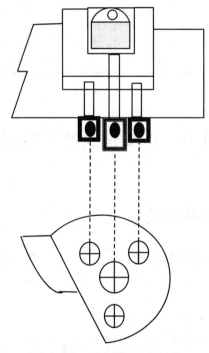

图3-18 圆水准器几何轴线

在校正过程中,具体步骤如下:
(1) 用脚螺旋调气泡偏离值的一半。
(2) 用圆水准器的校正螺旋再调一半。

3.6.3 十字丝横丝的检验和校正

水准仪十字丝横丝检校的目的是为了保证十字丝横丝垂直于竖轴。十字丝横丝不垂直于竖轴的情况如图3-19所示。

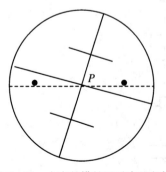

图3-19 十字丝横丝不垂直于竖轴

检验的具体步骤如下:

在水准仪精平后,将十字丝横丝左边对准墙上事先设置好的标志点 P。然后水平微动,观察 P 点是否在横丝上移动。如果 P 点不在横丝上移动,则需要校正。

校正的具体步骤如下:

(1) 松开十字丝的固定螺旋。

(2) 微微转动十字丝环座,至 P 点轨迹与横丝重合。

(3) 拧紧十字丝的固定螺旋。

3.6.4 水准管轴的检验与校正

水准管轴检校的目的是为了保证水准管轴平行于视准轴,如图 3-20 所示。

检验的具体步骤如下:

(1) 在检校场地内,选择相距 80 m 左右的 A、B 两点,在 AB 中点 C 处安置水准仪,用变动仪器高法(两次高差之差≤3 mm)测定 A、B 两点的高差 $h_0 = a_1 - b_1$。

(2) 将仪器搬至 A 点附近,测得高差 $h = a_2 - b_2$。如果 $h = h_0$,表明水准管轴和视准轴平行,不需要进行校正。如果 $h \neq h_0$,表明水准管轴和视准轴不平行,两轴之间存在夹角 i 角。

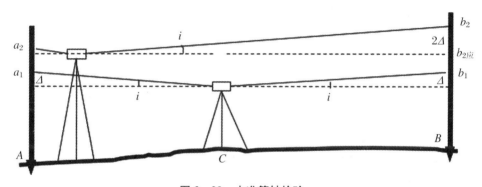

图 3-20 水准管轴检验

首先计算 $b_{2应}$ 的值:

$$b_{2应} = a_2 - h_0 \tag{3-10}$$

然后根据三角理论,计算得到 i 角:

$$i = \frac{b_2 - b_{2应}}{D_{AB}} \times \rho'' \tag{3-11}$$

式中,D_{AB} 表示 A、B 两点之间的水平距离。

对于 DS3 型水准仪,如果 $i > 20''$,则需要进行校正。校正的具体步骤如下:

(1) 转动微倾螺旋,使 $b_2 = b_{2应}$。此时视准轴水平,但水准管气泡不居中。

(2) 调节水准管校正螺丝,使水准管气泡居中。

3.7 水准测量误差分析

在水准测量过程中,影响观测值的因素包含以下 3 个方面:(1) 测量仪器;(2) 观测人员;(3) 外界条件。

3.7.1 测量仪器

在水准测量过程中,可在以下两个方面削弱或消除测量仪器的影响:
(1) 在检校过程中,如果出现 i 角,可利用前后视距相等的观测方法加以消除。
(2) 如果水准尺出现刻画不准、尺长变化、尺身弯曲等现象,在测量前,必须严格检验校正,或者采用前、后视尺交替使用,测站数为偶数等观测方法加以削弱或者消除。

3.7.2 观测人员

在水准测量过程中,可在以下 4 个方面削弱或消除观测人员的影响:
(1) 在观测时,通过仔细调焦,可消除视差。
(2) 在读数时,通过减小视线长度、认真果断读数,可减少误差。
(3) 在水准仪气泡居中符合后,立即读数,可减少误差。
(4) 扶尺时,确保气泡居中,可减少水准尺倾斜的影响。

3.7.3 外界条件

在水准测量过程中,可通过以下 4 个方面削弱或消除外界条件的影响:
(1) 在安置仪器时,踩紧脚架,减少观测时间,减少仪器下沉影响。
(2) 在转点上放置尺垫时,尺垫要踩实,往返测取中数,减少尺垫下沉影响。
(3) 利用前后视距相等的观测方法,消除地球曲率和大气折光的影响。
(4) 选择好的天气,或采取打伞遮阳等方法,减少大气温度和风力的影响。

3.8 其他水准仪

3.8.1 自动安平水准仪

自动安平水准仪(图 3-21)是在望远镜光路中装置一个"补偿器",当视准轴倾斜时,一般倾斜度不能太大,在圆水准器分划值 10′范围内,通过物镜光心的水平光线经过补偿装置后仍能通过十字丝交点。相比于 DS3 型水准仪,自动安平水准仪具有以下 3 个特点:
(1) 视准轴自动安平。
(2) 可有效提高水准测量精度。
(3) 减少操作步骤,提高工作效率。
自动安平水准仪与 DS3 型水准仪使用方法一致,由于"补偿器"的存在,无需进行精确整平操作。

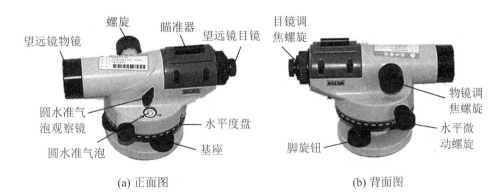

图 3-21 自动安平水准仪各部件

3.8.2 精密水准仪

精密水准仪主要用于一、二等水准测量和精密工程测量,其具有以下5个特点:
(1) 结构精密,性能稳定,测量精度高。
(2) 望远镜放大倍数不小于40倍。
(3) 水准管分划值为 $10''/2\ \mathrm{mm}$。
(4) 采用光学测微器读数,直接达 0.1 mm 量级,可估读到 0.01 mm。
(5) 配专用精密水准尺。

精密水准仪的使用方法和 DS3 型水准仪相同,常用在水平场地平整、大型设备的安装过程中。

3.8.3 电子水准仪

电子水准仪(图 3-22)和上述各类型水准仪在测量原理和使用方法上都是一样的,区别在于电子水准仪中有电子照相机。在电子水准仪操作系统软件中,按下测量键,电子照相机对瞄准并调焦后尺子上的条码拍照,然后和内存中同样的尺子条码图片进行比较,尺子的读数就可以通过软件系统计算显示出来。不同电子水准仪选用的条码不同,以徕卡公司的条纹码和天宝公司的十字丝条码最为典型。

电子水准仪的使用方法如下:
(1) 安置。操作方法同 DS3 型水准仪。
(2) 整平。旋动脚螺旋使圆水准气泡居中。
(3) 输入测站点参数和高程。
(4) 观测。将望远镜对准条纹码水准尺,按下仪器上的测量键。
(5) 读数。直接从显示窗口中读取高差和高程,还可获取距离等其他数据。

电子水准仪主要用于水准测量控制网施测和精密水准测量工程中。

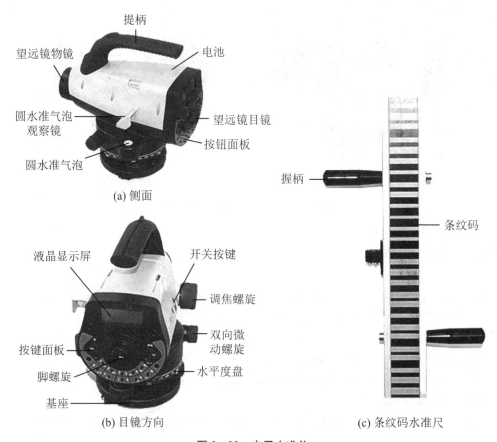

图 3-22 电子水准仪

思 考 题

1. 我国的高程基准有哪些？各自的水准原点在哪里？
2. 水准仪上的仪器标号各代表什么？
3. 在单站水准测量时，假设 A 点为后视点，对应的水准尺上的读数为 1.456 m，B 点为前视点，对应的水准尺上的读数为 1.234 m，那么 A、B 两点之间的高差为多少？如果已知 A 的高程为 $H_A = 20.123$，那么 B 点的高程为多少？
4. 使用水准仪的正确操作步骤是什么？
5. 什么是水准路线？根据布设形式，水准路线可以分成哪些类别？
6. 如图 3-23 所示，进行四等闭合水准测量，$f_{h允} = \pm 40\sqrt{L}$。水准点 BM_0 的高程为 44.856 m，1、2、3 点为待求高程点，各测段高差及测站数均标注在图中，图中箭头表示水准测量前进方向，试计算各点高程。
7. 水准仪的 i 角是如何产生的？如何消除？
8. 产生水准测量误差的因素有哪些？

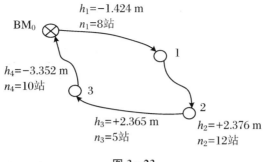

图 3-23

9. 水准仪检校的内容有哪些?

第4章 角 度 测 量

4.1 水平角和竖直角测量原理

在测量工程中,角度测量包括水平角测量和竖直角测量,其作用如下:
(1) 水平角测量用于确定点的平面位置。
(2) 竖直角测量用于测定高差或将倾斜距离改化成水平距离。

4.1.1 水平角测量原理

水平角是相交的两条直线在同一水平面上的投影所夹的角度。

水平角测量原理如图 4-1 所示,O 点表示经纬仪安置位置,A、B 两点表示地球表面上任意两点,O、A、B 点在水平面内的投影分别为 O_1、A_1、B_1,OA 投影在水平度盘上的读数为 a,OB 投影在水平度盘上的读数为 b,则 AOB 对应的水平角 β 的计算公式如下:

$$\beta = a - b \qquad (4-1)$$

水平角 β 的取值范围为 $0° \sim 360°$。

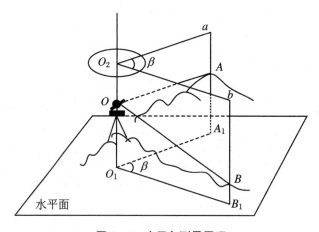

图 4-1 水平角测量原理

4.1.2 竖直角测量原理

竖直角是在同一竖直面内,仪器中心至目标的倾斜视线与水平视线所夹的锐角。视线向上倾斜,称为仰角,竖直角为正值;视线向下倾斜,称为俯角,竖直角为负值。竖直角的取值范围为 -90°~+90°,计算公式如下:

$$竖直角 \alpha = 目标视线读数 - 水平视线读数 \quad (4-2)$$

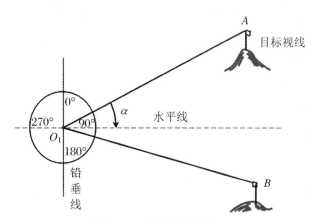

图 4-2 竖直角测量原理

4.2 认识经纬仪

测量工程中,常用的测角仪器是经纬仪。

4.2.1 经纬仪

根据测角精度不同,经纬仪可以分为 DJ1、DJ2、DJ6、DJ15 等不同型号。这里,D 表示大地测量仪器,J 表示经纬仪,数字表示测角精度,即一测回方向观测中误差,单位为秒。

按读数系统的不同,经纬仪可以分为光学经纬仪和电子经纬仪。

按性能系统的不同,经纬仪可以分为方向经纬仪和复测经纬仪。

在测量工程中,DJ6 光学经纬仪可满足一般测绘精度的要求。当精度要求较高时,可以使用 DJ2 经纬仪。这里以 DJ6 光学经纬仪为例进行介绍。

DJ6 光学经纬仪包括基座、度盘、照准部三大部分,如图 4-3 所示。

1. 基座

基座的作用是连接和整平,由轴座、脚螺旋、底板、三角压板等部件组成。

2. 度盘系统

度盘系统包括水平度盘和竖直度盘,由光学玻璃制成。水平度盘注记范围为 0°~360°,分划尺度分为 20′、30′和 1°三种。这里需要注意的是:

(1)当水平度盘为顺时针注记时,与竖轴不固定,不随望远镜转动。

(2)当水平度盘有复测钮或变换钮时,可用作改变观测方向的角度值。

(3)竖直度盘与望远镜固定,随望远镜一起转动。

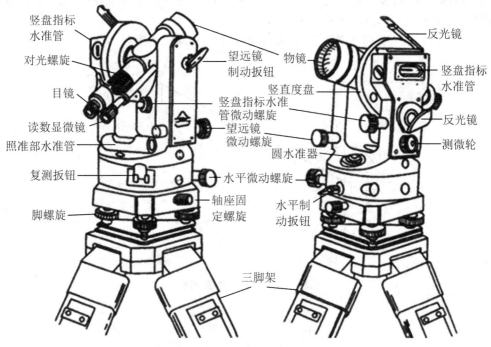

图 4-3 DJ6 光学经纬仪结构示意图

3. 照准部

照准部主要由望远镜、水准器、读数装置、光学对点器等部件组成,各部件的作用如下:
(1) 望远镜用于瞄准目标。
(2) 圆水准器用于粗略整平仪器。
(3) 管水准器用于精确整平仪器。
(4) 读数装置用于读数。
(5) 光学对点器用于使度盘中心和测点在同一铅垂线上。

4.2.2 读数装置及读数方法

读数装置由棱镜、透镜、读数显微镜等部件组成,用于读取度盘读数。其光路示意图如图 4-4 所示。

根据不同仪器厂家设计的度盘系统的差异,经纬仪读数装置可以分为测微尺和测微器,如图 4-5 所示。(a)图为测微尺,当测量水平角时,图中对应的读数为 215°06′48″;当测量竖直角时,图中对应的读数为 78°52′00″。(b)图为测微器,当测量竖直角时,图中对应的读数为 92°17′30″。在读数前,需要转动测微轮使读数标尺线重合后,才能进行读数。

4.2.3 测钎、标杆和觇牌

测钎、标杆、觇牌均为经纬仪瞄准目标时所使用的照准工具,如图 4-6 所示。
测钎适用于距测站较近的目标。
标杆适用于距测站较远的目标。

第4章 角度测量

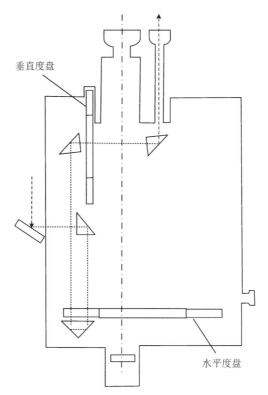

图 4-4 读数系统光路示意图

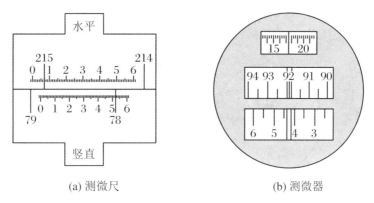

(a) 测微尺　　　　　　　　(b) 测微器

图 4-5 读数装置示意图

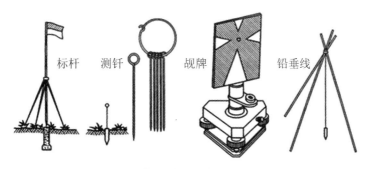

图 4-6 标杆、测钎、觇牌和铅垂线示意图

觇牌固定在三脚架上使用,远近皆可。一般为红白或黑白相间且常与棱镜结合,辅助电子经纬仪或全站仪使用。

在测量精度要求不高的前提下,也可悬挂垂球用垂球线作为瞄准标志。

4.3 经纬仪的使用

经纬仪的使用包括对中、整平、调焦、瞄准、读数、记录等基本操作。

1. 对中、整平

经纬仪对中、整平是为了达到以下目的:使测点中心与仪器竖轴中心在同一铅垂线上;使水平度盘处于水平位置。

常用的方法有垂球对中、光学对点器对中和激光对中 3 种。垂球对中精度较低,且使用不便,一般采用光学对点器对中。

2. 调焦与瞄准

经纬仪调焦的目的是使视准轴对准观测目标的中心,步骤如下:

(1) 调节目镜调焦螺旋,使十字丝清晰。

(2) 利用粗瞄器,粗略瞄准目标,固定制动螺旋。

(3) 调节物镜调焦螺旋使目标成像清晰,注意消除视差。

(4) 调节制动、微动螺旋,精确瞄准。

当使用经纬仪瞄准目标时,如果是测量水平角,使用双丝夹准目标,如图 4-7(a)所示;如果是测量竖直角,用横丝切准目标顶部,如图 4-7(c)所示。

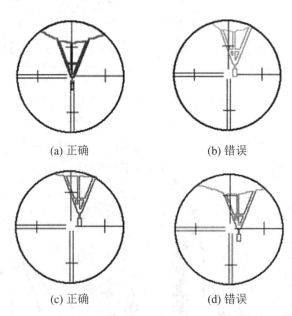

(a) 正确　　　　　(b) 错误

(c) 正确　　　　　(d) 错误

图 4-7　瞄准目标

3. 读数

经纬仪读数时,步骤如下:

(1) 打开反光镜,使读数窗光线均匀。
(2) 调焦使读数窗分划清晰,注意消除视差。
(3) 按不同的测微器直接读取水平、竖直度盘读数。对于 DJ6 经纬仪,读出度、分、秒,秒为估读且为 6 的倍数。如图 4-8 所示示例,对应的水平角为 215°06′48″,对应的竖直角为 78°52′00″。

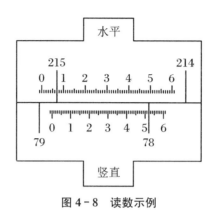

图 4-8 读数示例

4.4 角度测量内业计算

4.4.1 测回法

在某一测站上,只有 2 个观测方向时,使用测回法测量。如图 4-9 所示,步骤如下:
(1) 安置仪器于 O 点,对中整平。
(2) 利用正镜(盘左)瞄准 M 点,度盘归零。
(3) 顺时针转动照准部,瞄准 N 点读数。
(4) 利用倒镜(盘右),瞄准 N 点读数。
(5) 逆时针转动照准部,瞄准 M 点读数。
(6) 记录与计算。

当盘左观测 M 点时,记录结果 $m_左 = 0°00′36″$。
当盘左观测 N 点时,记录结果 $n_左 = 68°42′48″$。
那么,上半测回的水平角 $\angle MON$ 如下:

$$\beta_左 = n_左 - m_左 = 68°42′12″$$

当盘右观测 N 点时,记录结果 $n_右 = 248°42′30″$。
当盘右观测 M 点时,记录结果 $m_右 = 180°00′24″$。
那么,下半测回的水平角 $\angle MON$ 如下:

$$\beta_右 = n_右 - m_右 = 68°42′06″$$

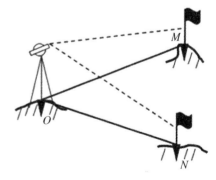

图 4-9 测回法

(7) 检核。
对于 DJ6 经纬仪,上、下半测回角度之差应满足 $\beta_左 - \beta_右 \leqslant 40″$,否则应重测。

(8) 计算一测回水平角。这里计算结果如下：
$$\beta = (\beta_左 + \beta_右)/2 = = 68°42'09''$$
当测角精度要求较高时，需要多观测几个测回。此时需要注意以下 4 点：
(1) 第一测回度盘归零。
(2) 其他各测回间按 $180°/n$（n 为测回数）的差值，变换度盘。
(3) 各测回角值之差不得超过 $40''$。
(4) 取各测回平均值作为最后结果。

这里，水平角 ∠MON 的计算结果如表 4-1 所示。

表 4-1 水平角计算

测站	竖盘	目标	水平度盘读数			半测回角度值			一测回角度值			各测回角度值		
			°	′	″	°	′	″	°	′	″	°	′	″
第一测回	左	M	00	00	36	68	42	12	68	42	09	68	42	15
		N	68	42	48									
	右	M	180	00	24	68	42	06						
		N	248	42	30									
第二测回	左	M	90	10	12	68	42	18	68	42	21			
		N	158	52	30									
	右	M	270	10	18	68	42	24						
		N	338	52	42									

4.4.2 方向观测法

在角度测量时，如果测站点上需要观测的方向多于 2 个，使用方向观测法，如图 4-10 所示。

方向观测法的具体步骤如下：

(1) 安置仪器于测站点 O，对中、整平。
(2) 利用正镜选择零方向 C，顺时针依次照准目标 D、A、B、C（归零），读数。
(3) 利用倒镜，瞄准零方向 C，逆时针依次照准目标 B、A、D、C（归零），读数。
(4) 记录与计算。

在记录与计算过程中，各指标计算方法如下：

归零差是盘左、盘右两次瞄准起始方向读数的差值，如果归零差超限，应及时重测。

两倍视准误差，简称 $2C$ 误差的计算公式如下：

$$2C = 盘左读数 - (盘右读数 \pm 180°) \quad (4-3)$$

如果 $2C$ 误差超限，则应及时重测。

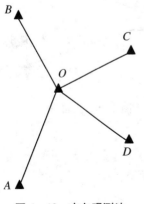

图 4-10 方向观测法

各方向平均读数的计算公式如下：
$$平均读数 = [盘左读数 + (盘右读数 \pm 180°)]/2 \quad (4-4)$$

归零后方向值是利用各方向平均读数减去起始方向的平均读数。各测回归零后平均方向值是指各测回归零后方向值的平均值。水平角是相邻方向值的差值，即相邻方向所夹的水平角。

如图4-10所示，按照方向观测法进行2个测回的角度观测，检核各观测值是否符合方向观测法限差规范，然后计算，结果如表4-3所示。

表4-3 方向观测法记录手簿

测站	站点	水平度盘读数		2C	平均读数	一测回归零方向值	各测回平均方向值	角度值
		盘左	盘右					
		° ′ ″	° ′ ″	″	° ′ ″	° ′ ″	° ′ ″	° ′ ″
1	2	3	4	5	6	7	8	9
	第一测回				00 00 34			
	C	00 00 54	180 00 24	+30	00 00 39	00 00 00	00 00 00	
	D	79 27 48	259 27 30	+18	79 27 39	79 27 05	79 26 59	79 26 59
O	A	142 31 18	322 31 00	+18	142 31 09	142 30 35	142 30 29	63 03 30
	B	228 46 30	108 46 06	+24	288 46 18	288 45 44	288 45 47	146 15 18
	C	00 00 42	180 00 18	+24	00 00 30			
	Δ	−12	−6					
	第二测回				90 00 52			
	C	90 01 06	270 00 48	+18	90 00 57	00 00 00		
	D	169 27 54	349 27 36	+18	169 27 45	79 26 53		
O	A	232 31 30	42 31 00	+30	232 31 15	142 30 23		
	B	18 46 48	198 46 36	+12	18 46 42	288 45 50		
	C	90 01 00	270 00 36	+24	90 00 48			
	Δ	−6	−12					

4.4.3 竖直角计算

竖直角是通过竖直度盘进行量测的。竖直度盘固定在望远镜的旋转轴上，主要由竖直度盘、竖盘指标、竖盘指标水准管、竖盘指标水准管微动螺旋等部件组成，其内部结构如图4-11所示。

根据度盘系统刻划顺序不同，可分为顺时针注记和逆时针注记两种，如图4-12所示。

在竖直角测量过程中，首先安置仪器，对中、整平，然后利用盘左瞄准目标某一位置，读取竖盘读数L，再用盘右瞄准原目标位置，读取竖盘读数R。分别计算盘左、盘右半测回竖直角。最后计算盘左、盘右的平均值作为一测回竖直角。

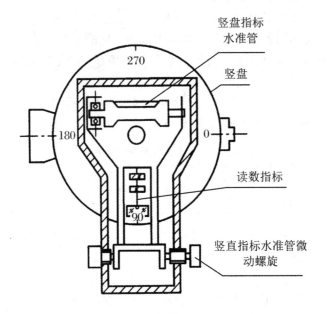

图 4-11 竖直度盘构造示意图

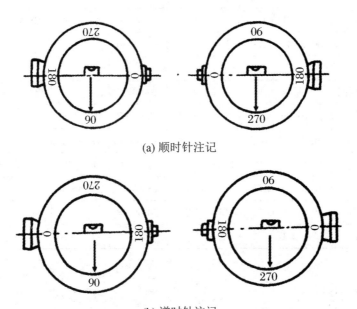

(a) 顺时针注记

(b) 逆时针注记

图 4-12 度盘注记示意图

对不同注记形式的度盘，首先应正确判读视线水平时的常数，且同一仪器盘左、盘右的常数差为 180°。这里，以顺时针注记竖盘刻划：目镜 0°-物镜 180°为例：

盘左：$\alpha_L = 90° - L$（上半测回）

盘右：$\alpha_R = R - 270°$（下半测回）

因此，一测回竖直角计算公式为

$$\alpha = (\alpha_L + \alpha_R)/2 = (R - L - 180°)/2 \tag{4-5}$$

表4-4为竖直角观测记录和对应的计算结果值。

表4-4 竖直角观测记录手簿

测站	目标	竖盘位置	竖盘读数 ° ′ ″	半测回竖直角 ° ′ ″	指标差 ″	一测回竖直角 ° ′ ″	备注
O	P	左	71 12 36	+18 47 24	-12	+18 47 12	
		右	288 47 00	+18 47 00			
	P′	左	96 18 42	-06 18 42	-9	-06 18 51	
		右	263 41 00	-06 19 00			

4.4.2 竖盘读数指标差

经纬仪读数指标与正确位置之间的小夹角 x，称为竖盘指标差，如图4-13所示。

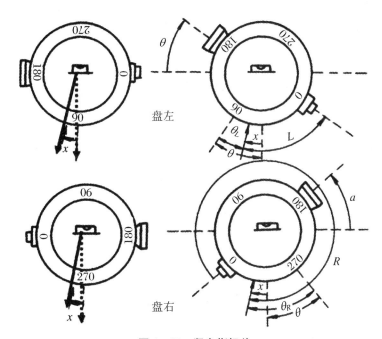

图4-13 竖盘指标差

在盘左位置时，如图4-14所示，望远镜上仰，读数减小，竖盘读数为 L，则正确的竖直角计算公式为

$$\alpha = 90° - L + x = \alpha_L + x \tag{4-6}$$

在盘右位置时，如图4-15所示，望远镜上仰，读数增大，竖盘读数为 R，则正确的竖直角计算公式为

$$\alpha = R - 270° - x = \alpha_R - x \tag{4-7}$$

联立式(4-6)和式(4-7)，计算得到竖直角和竖盘指标差值：

$$\begin{cases} \alpha = \dfrac{1}{2}(\alpha_L + \alpha_R) = \dfrac{1}{2}(R - L - 180°) \\ \chi = \dfrac{1}{2}(\alpha_R - \alpha_L) = \dfrac{1}{2}(R + L - 360°) \end{cases} \quad (4-8)$$

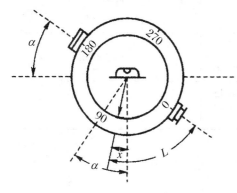 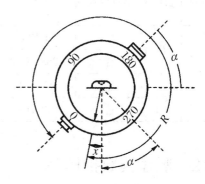

图 4-14 盘左位置指标差　　　　　图 4-15 盘右位置指标差

利用盘左和盘右竖直角的平均值,可以消除指标差。对于 DJ6 经纬仪,同一测站上不同目标的指标差互差或同方向各测回指标差互差,不应超过 25″。

4.5 经纬仪的检验与校正

经纬仪的主要几何轴线包括竖轴 VV、水准管轴 LL、横轴 HH 和视准轴 CC,各个轴线之间的关系如下:

$$LL \perp VV$$
$$CC \perp HH$$
$$HH \perp VV$$

望远镜十字丝竖丝⊥横轴。

4.5.1 水准管轴垂直于竖轴的检验与校正

水准管轴垂直于竖轴的检验方法如图 4-16 所示,具体步骤如下:
(1) 仪器粗平,使圆水准气泡居中。
(2) 使水准管平行某两个脚螺旋,水准管气泡居中。
(3) 照准部旋转 180°,若气泡仍居中,则满足要求,若气泡偏离,则需校正。
校正的具体步骤如下:
(1) 用脚螺旋调一半。
(2) 用水准管校正螺旋再调一半。
此项检校需反复进行,直至仪器旋转到任意方向气泡都居中。

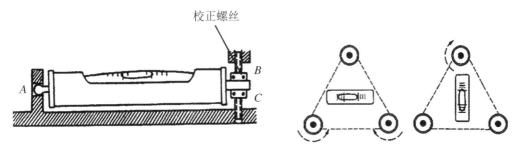

图 4-16　水准管轴检校示意图

4.5.2　十字丝竖丝的检验与校正

十字丝竖丝的检验方法如图 4-17 所示，具体步骤如下：
（1）仪器整平。
（2）利用竖丝瞄准大致水平方向的 P 点，竖直方向移动望远镜，看 P 点是否在竖丝上移动。如果在则表明满足精度要求，否则需要校正。

校正的具体步骤如下：
（1）用十字丝的交点瞄准 P 点。
（2）用十字丝的校正螺旋调整。

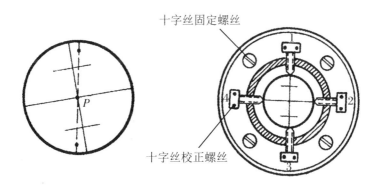

图 4-17　十字丝竖丝的检校

4.5.3　视准轴垂直于横轴（2C）的检验与校正

视准轴垂直于横轴的检验方法如图 4-18 所示，具体步骤如下：
（1）在检校场地内，选择相距 20 m 左右的 A、B 两点，在 AB 的中点 O 安置仪器，A 点设瞄准标志，B 点横一毫米刻划标尺，此时标志、标尺与仪器同高。
（2）在盘左位置瞄准 A 点，记录读数 B_1。在盘右位置再次瞄准 A 点，记录读数 B_2。如果 $B_1 = B_2$，则表明视准轴垂直于横轴。如果 $B_1 \neq B_2$，则表明视准轴和横轴间存在夹角 c，其计算公式如下：

$$c = \frac{B_1B_2}{4 \times D} \times \rho'' \qquad (4-9)$$

如果 c 超过 $1'$，则表明经纬仪需要校正。

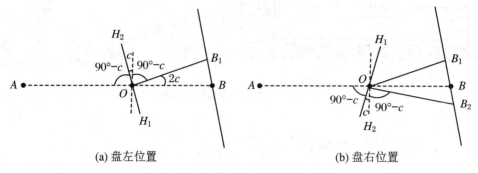

(a) 盘左位置 (b) 盘右位置

图 4-18　视准轴垂直于横轴的检校

校正的具体步骤如下：在标尺上，首先定出 B_1、B_2 两点连线的中点 B，然后再定出 B、B_2 两点连线的中点 B_3，调节十字丝校正螺丝，使十字丝交点对准 B_3，即完成校正。

4.5.4　横轴垂直于竖轴的检验与校正

横轴垂直于竖轴的检验方法如图 4-19 所示，具体步骤如下：

(1) 在检校场地内，选择距墙壁 30 m 的位置安置仪器，且在墙壁上选一明显目标 P，满足 $\alpha_P \geqslant 30°$。

(2) 在盘左位置瞄准 P 点，记录读数 P_1。在盘右位置再次瞄准 P 点，记录读数 P_2。如果 $P_1 = P_2$，则表明横轴垂直于竖轴。如果 $P_1 \neq P_2$，则表明横轴和竖轴间存在夹角 i，其计算公式如下：

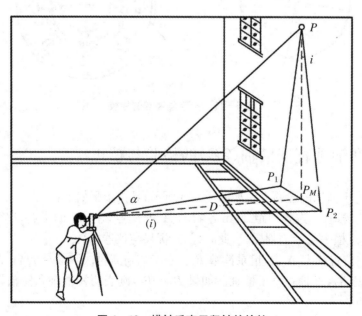

图 4-19　横轴垂直于竖轴的检校

$$i = \frac{P_1P_2 \times \cot\alpha}{2D} \times \rho'' \tag{4-10}$$

如果 i 超过 $1'$，则表明经纬仪需要校正。

校正的具体步骤如下：首先，在墙上定出 P_1、P_2 的中点 P_M。然后调节水平微动，瞄准 P_M，将望远镜上仰，此时十字丝交点必偏离 P 点，至 P' 点。最后，校正横轴一端支架上的偏心环，使横轴一端升高或降低，移动十字丝，精确瞄准 P。反复检校，直至 i 角小于 $1'$。

4.5.5　竖盘指标差的检验与校正

竖盘指标差检验步骤如下：

在检校场地内，利用盘左、盘右分别瞄准大致水平方向的 P 点，记录读数 L 和 R。此时，竖直角 α 和指标差 x 计算公式如下：

$$\begin{cases} \alpha = \frac{1}{2}(\alpha_L + \alpha_R) = \frac{1}{2}(R - L - 180°) \\ x = \frac{1}{2}(\alpha_R - \alpha_L) = \frac{1}{2}(R + L - 360°) \end{cases} \tag{4-11}$$

对于 DJ6 经纬仪，如果 $x \leqslant 60''$，则表明经纬仪满足精度要求，否则需要校正。

校正的具体步骤如下：首先，盘右瞄准 P 点。然后，调节指标水准管微动螺旋，使竖盘读数 $R = \alpha + x + 270°$。最后，调节指标水准管校正螺丝，使气泡居中。

4.5.6　光学对点器的检验与校正

光学对点器的检验如图 4-20 所示，具体步骤如下：在经纬仪精确整平后，在仪器正下方放置白色纸板，将对点器中心投影到纸板上，并做标志 P_1。然后旋转照准部 $180°$，将对点器中心投影到纸板上，并做标志 P_2。如果 P_1、P_2 重合，表明经纬仪满足测量要求，否则需要校正。

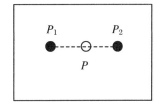

图 4-20　光学对点器检校

校正的具体步骤如下：首先，取 P_1、P_2 的中点 P。然后，调节对点器校正螺丝，使对点器中心投影与 P 点相重合。

4.6　角度测量误差分析

4.6.1　仪器因素

仪器因素主要包括仪器检校后的残余误差和仪器制造、加工不完善所引起的误差，主要表现及消除方法如下：

(1) 视准轴误差。为了处理 $2C$ 误差,可利用盘左、盘右取平均加以消除。
(2) 横轴倾斜误差。为了处理 i 角,可利用盘左、盘右取平均加以消除。
(3) 照准部旋转中心与水平度盘分划中心不重合,产生度盘偏心差。可利用盘左、盘右取平均加以消除。
(4) 度盘刻划不均匀时,会产生度盘刻划误差。可利用测回间变换度盘方法加以减弱。
(5) 竖轴倾斜误差。可利用盘精确整平加以减弱。

4.6.2　测量人员

在角度测量过程中,测量人员由于操作不认真等原因造成的误差主要包括以下 5 个方面:
(1) 仪器对中误差。可通过精确对中加以减弱。
(2) 目标偏心误差。可通过瞄准目标底部减弱。
(3) 仪器整平误差。可通过精确整平加以减弱。一测回内气泡偏离不能超过 2 格,否则测回间重新整平。
(4) 照准误差。可通过精确瞄准加以消除。
(5) 读数误差。可通过认真读数加以消除。

4.6.3　外界条件

外界条件因素影响比较复杂,可通过选择有利的观测条件,尽量避免不利因素对观测值的影响。例如通过打伞遮阳减弱温度的影响和选择良好的天气观测减弱大气折光的影响。

4.7　其他经纬仪

4.7.1　DJ2 光学经纬仪

DJ2 经纬仪主要用于三、四等角度测量和精密工程测量,其具体构造如图 4-21 所示。DJ2 经纬仪具有以下特点:
(1) 测角精度高。
(2) 采用对径符合读数。
(3) 测微器可直接读到秒。

4.7.2　电子经纬仪

电子经纬仪是一种采用光电元件实现测角自动化、数字化的电子测角仪器,其具体构造如图 4-22 所示。

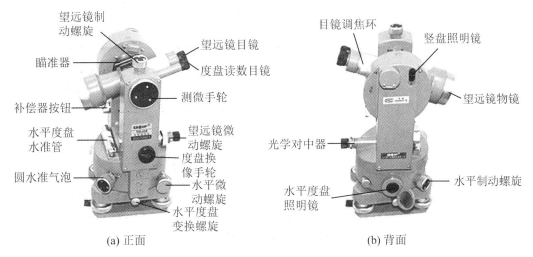

图 4-21 DJ2 经纬仪

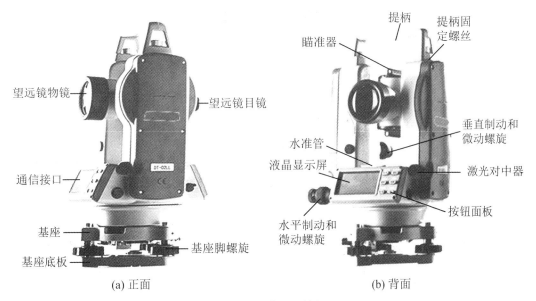

图 4-22 电子经纬仪

电子经纬仪具有以下特点：

(1) 采用电子测角系统，自动显示测量结果。
(2) 可与测距仪组成全站仪。
(3) 测量数据处理自动化。

电子经纬仪软件操作界面如图 4-23 所示，其中包括了电源键、菜单键、数字键、返回键、确定键、上下键、小数点键和负号键。

电子经纬仪具有和光学经纬仪一样的照准部、度盘、基座及相应轴系的结构形式，望远镜、水准器、光学对中器及制、微动机构亦类似。

电子经纬仪和光学经纬仪的主要不同点在于电子经纬仪采用了由微处理器控制的光电扫描度盘和自动显示系统，且电子经纬仪无读数显微镜，增设了电子显示窗和操作按键。

根据光电扫描度盘取得电信号方式的不同,目前电子测角系统分为编码度盘测角系统和光栅度盘测角系统。

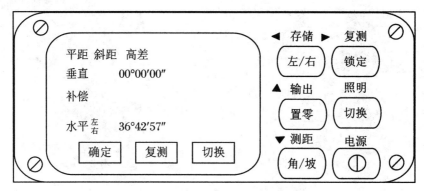

图 4-23 电子经纬仪软件操作界面

思 考 题

1. 什么是水平角?什么是竖直角?它们的作用是什么?
2. 正确使用经纬仪的操作步骤是什么?
3. 根据如表 4-5 所示水平角观测记录,计算水平角。

表 4-5

测站	目标	竖盘	水平度盘角度			半测回角值			平均角值			备注
			°	′	″	°	′	″	°	′	″	
A	B	左	123	45	06							
	C		156	23	45							
	B	右	303	55	06							
	C		336	23	48							

4. 根据如表 4-6 所示竖直角观测记录,计算竖直角。

表 4-6

测站	目标	竖盘	水平度盘角度			半测回角值			平均角值			备注
			°	′	″	°	′	″	°	′	″	
A	B	左	70	35	15							顺时针注记
		右	289	24	47							
	C	左	38	15	51							
		右	331	44	12							

5. 顺时针注记度盘和逆时针注记度盘,如何计算水平角?
6. 什么是竖盘指标差?如何计算?在测量过程中,如何消除竖盘指标差?
7. 经纬仪包括哪些轴线?各自之间的关系如何?
8. 经纬仪中的 i 角是如何产生的?怎么削弱或者消除 i 角?
9. 如何正确使用电子经纬仪?

第5章 距离测量

距离测量是测量地面上两点之间的水平距离。根据距离测量仪器的发展阶段,可以分为以下3种距离测量方法:
(1) 钢尺量距。
(2) 普通视距测量。
(3) 光电测距仪。

5.1 直线定线

当直线距离超过一个尺段时,需进行直线定线。标定各尺段端点在同一直线上的工作称为直线定线。如图5-1所示,利用 A、B 两点和三点共线理论,可标定出1、2、3点。

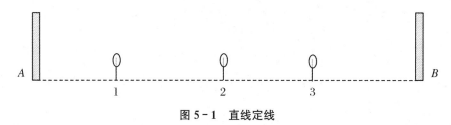

图5-1 直线定线

5.2 钢尺量距

5.2.1 平坦地面的量距

在平坦地面上,当测量距离超出标尺测程时,可采用分段测量的方式,如图5-2所示,对应的公式如下:

$$D = n \times l + q \tag{5-1}$$

式中,n 表示尺段数;l 为钢尺的尺长;q 表示不足一整尺的余长。

为了校核和提高精度,需要进行返测测量。用往、返测长度之差 ΔD 与全长平均数 $D_{平均}$ 之比,并化成分子为1的分数来衡量距离丈量的精度,这个比值称为相对误差 K:

$$K = \cfrac{1}{\cfrac{D_{平均}}{|D_{往}-D_{返}|}} \quad (5-2)$$

一般情况下,平坦地面钢尺量距相对误差不应大于 1/3000。

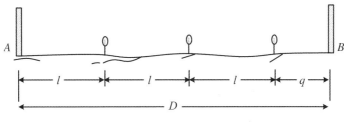

图 5-2 平坦地面量距

5.2.2 倾斜地面量距

当地面坡度较大,不可能将整根钢尺拉平测量时,可将直线分成若干小段进行丈量,如图 5-3 所示,每段长度视坡度大小、量距的方便而定。在困难地区,钢尺量距相对误差不应大于 1/1000。

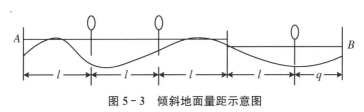

图 5-3 倾斜地面量距示意图

5.2.3 钢尺量距精密方法

1. 经纬仪定线

将经纬仪安置于 A 点,瞄准 B 点,然后在 AB 的视线上用钢尺量距,依次定出比钢尺一整尺略短的尺段端点 $1,2,\cdots$。在各尺段端点打入木桩,桩顶高出地面 $5\sim10\ cm$,在每个桩顶刻划十字线,其中一条在 AB 方向上,另一条垂直于 AB 方向,以其交点作为钢尺读数的依据。如图 5-4 所示。

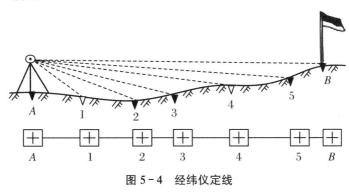

图 5-4 经纬仪定线

2. 量距方法

量距采用经过检定的钢尺,两人拉尺,两人读数,一人记录及观测温度。前、后读数员应同时在钢尺上读数,估读到 0.5 mm。每尺段要移动钢尺三次不同位置,三次丈量结果的互差不应超过 2 mm,取三段丈量结果的平均值作为尺段的最后结果。随之进行返测,如果需要进行温度和倾斜改正,还要观测现场温度和各桩顶高差。

3. 尺长方程式

经过检定的钢尺长度的计算公式如下:

$$l_t = l_0 + \Delta l + a \times (t - t_0) \times l_0 \tag{5-3}$$

式中,l_t 表示温度为 t 时的钢尺实际长度;l_0 表示钢尺的名义长度;Δl 表示钢尺尺长改正值,即温度在 t 时钢尺全长的改正数;a 表示钢尺膨胀系数,一般取 $a = 1.25 \times 10^{-6}/℃$;$t_0$ 表示钢尺检定时的温度;t 表示钢尺量距时的温度。

在进行内业计算时,需要对钢尺量测的观测值进行相应的尺长改正、温度改正和倾斜改正。

尺长改正计算公式为

$$\Delta l_d = \frac{\Delta l}{l_0} l \tag{5-4}$$

温度改正计算公式为

$$\Delta l_t = a \times (t - t_0) \times l \tag{5-5}$$

对于倾斜改正,当 L 为斜距要换算成平距 d 时,倾斜改正值计算公式为

$$\Delta l_h = d - l = \sqrt{l^2 - h^2} - l = l\left(1 - \frac{h^2}{l^2}\right)^{\frac{1}{2}} - l \tag{5-6}$$

将其展开成级数,有

$$\Delta l_h = l\left[\left(1 - \frac{h^2}{2l^2} - \frac{h^4}{8l^4} - \cdots\right) - 1\right] = -\frac{h^2}{2l} - \frac{h^4}{8l^3} - \cdots \tag{5-7}$$

因此,每一尺段改正后的水平距离计算公式为

$$d = l + \Delta l_d + \Delta l_t + \Delta l_h \tag{5-8}$$

5.2.4 钢尺量距误差分析

钢尺量距的误差,主要包括以下 6 个方面:(1) 尺长误差;(2) 温度误差;(3) 拉力误差;(4) 钢尺倾斜误差;(5) 定线误差;(6) 丈量误差。

5.3 普通视距测量

普通视距测量的相对精度一般为 1/200～1/300,但由于操作简便,不受地形起伏限制,可同时测定距离和高差,被广泛用于测距精度要求不高的地形测量中。

5.3.1 普通视距测量原理

视距测量是利用视距丝配合标尺读数来完成的,如图 5-5 所示,下丝在标尺上的读数为 a,上丝在标尺上的读数为 b,视距间隔 $l = a - b$,则水平距离的计算公式为

$$\frac{D_1}{l_1} = \frac{D_2}{l_2} = K \tag{5-9}$$

通常情况下,$K = 100$。此时,式(5-9)可以转换成式(5-10):

$$D = Kl = 100l \tag{5-10}$$

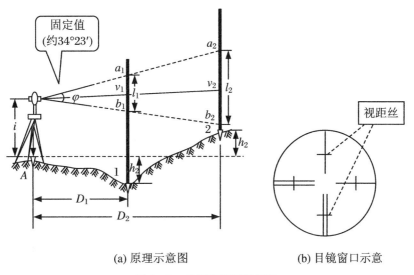

(a) 原理示意图　　(b) 目镜窗口示意

图 5-5　普通视距测量原理

5.3.2 视准轴水平时的距离和高差

在视准轴水平时,视距计算公式如式(5-10)所示。同时,测站点到立尺点的高差计算公式为

$$h = i - v \tag{5-11}$$

式中,i 表示仪器高,是桩顶到仪器水平轴的高度;v 表示中丝在标尺上的读数,如图 5-5(a)所示。

5.3.3 视准轴倾斜时的距离和高差公式

在视准轴倾斜时,如图 5-6 所示,视距和高差计算公式推导如下。

在图 5-6 中,各点、线和面的几何关系如下:

$$\angle aOa' = \angle bOb' = \alpha, \quad l' = a'b'$$
$$\angle aa'O = \angle bb'O = 90°, \quad l = ab$$

进而可以得出 l' 和 l 的关系:

$$l' = a'O + Ob' = aO\cos\alpha + Ob\cos\alpha = \cos\alpha(aO + Ob) = l\cos\alpha \qquad (5-12)$$

此时,倾斜距离 L 的计算公式如下:

$$L = Kl' = Kl\cos\alpha \qquad (5-13)$$

水平距离 D 的计算公式如下:

$$D = L\cos\alpha = Kl\cos^2\alpha \qquad (5-14)$$

高差计算公式如下:

$$h = D\tan\alpha + i - v \qquad (5-15)$$

将式(5-14)代入式(5-15),可得高差计算公式如式(5-16),即为三角法高程测量。

$$h = \frac{1}{2}Kl\sin 2\alpha + i - v \qquad (5-16)$$

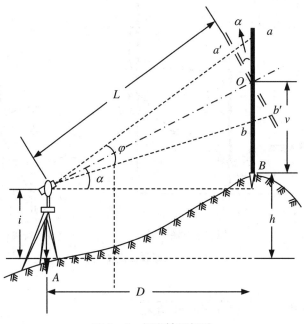

图 5-6 视准轴倾斜时

5.3.4 视距测量误差分析

视距测量误差的来源,主要包括以下 3 种情况:(1)读数误差;(2)标尺不竖直误差;(3)外界条件的影响。此外还有标尺分划误差、竖直角观测误差、视距常数误差等。

5.4 光 电 测 距

电磁波测距仪是用电磁波作为载波传输测距信号以测量两点间距离的一种仪器。根据光谱条带的不同,电磁波测距可以分为以下 2 种模式:

(1)光电测距仪利用的光谱条带位于可见光、红外光、激光范围内。

(2) 微波测距仪利用的光谱条带位于无线电波、微波范围。

无论是光电测距仪还是微波测距仪,都具有以下 3 个特点:

(1) 测程远、精度高。

(2) 受地形限制少等。

(3) 测量作业快、工作强度低。

5.4.1 光电测距原理

光电测距仪是通过测量光波在待测距离 D 上往、返传播的时间 t_{2D} 来计算待测距离 D 的,如图 5-7 所示。

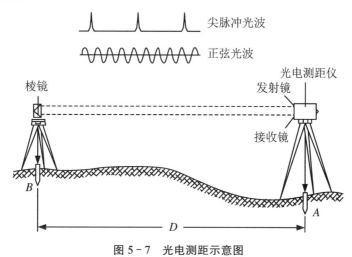

图 5-7 光电测距示意图

根据物理学定理,可得计算公式:

$$D = \frac{1}{2} c \times t_{2D} \tag{5-17}$$

式中,c 表示光波在空气中的传播速度。

按照 t_{2D} 的不同测量方式,光电测距仪可分为以下 2 种模式。

1. 脉冲式

脉冲式光电测距仪是将发射光波的光强调制成一定频率的尖脉冲,通过测量发射的尖脉冲在待测距离上往返传播的时间来计算距离的。公式如下:

$$t = qT_0 = \frac{q}{f_0} \tag{5-18}$$

式中,q 表示计数器计得的时钟脉冲个数;f_0 表示脉冲的振荡频率。

脉冲式光电测距仪的计数器只能记忆整数个时钟脉冲,不足一周期的时间被丢掉了。测距精度较低时,一般在"m"级,最好的达"dm"级。

2. 相位式

相位式光电测距仪是将发射光强调制成正弦波的形式,通过测量正弦光波在待测距离上往、返传播的相位移来解算时间的。计算公式如下:

$$t = \frac{2\pi N + \Delta\varphi}{2\pi f} \tag{5-19}$$

式中，N 表示整周期的相位数；$\Delta\varphi$ 表示不足一周期的相位量；f 表示相位的调制频率。

5.4.2 测程及测距仪的精度

测程是指测距仪一次所能测的最远距离。根据测程的远近，可以分为 3 种：
(1) 短程测距仪：测程小于 5 km。
(2) 中程测距仪：测程在 5～30 km。
(3) 远程测距仪：测程在 30 km 以上。
测距仪标称精度计算公式如下：

$$m_D = \pm \sqrt{a^2 + (Db)^2} \tag{5-20}$$

式中，m_D 表示测距中误差，单位为 mm；a 表示固定误差，单位为 mm；b 表示比例误差，一般以百万分之一表示，简写为 ppm；D 表示以 km 为单位的距离。例如国产某型号短程红外测距仪的精度 $m_D = \pm 5 \text{ mm} + 5 \times 10^{-6} \times D$，当距离 D 为 0.6 km 时，测距精度是 $m_D = \pm 5.8 \text{ mm}$。

5.3.3 光电测距的距离改正

在使用光电测距仪测量时，综合考虑各种因素的影响，需要对观测值进行距离改正，主要包括以下 4 种改正。

1. 仪器乘常数改正

光电测距仪在使用过程中，因电子元件老化等原因导致实际调制频率与设计的标准频率可能会有微小的差别，因此，需要定期进行仪器检校，进而得到改正距离用的变量参数，称为测距仪的乘常数，通常用字母 R 表示，其改正值与所测距离的长度成正比关系：

$$\Delta D_R = R \times D \tag{5-21}$$

2. 仪器加常数改正

在距离观测时，由于测距仪的起算中心与安置中心不一致或者反射镜的等效反射面与棱镜安置中心不一致，导致测量的距离与理论距离存在一个固定的参数变量，称为测距仪的加常数，通常用字母 C 表示，其改正值与所测距离的长度没有关系：

$$\Delta D_C = C \tag{5-22}$$

3. 气象改正

在距离观测时，气象对于观测量的影响体现在大气折光、气温和大气压等方面，气象改正的计算公式如下：

$$\Delta Dw = \left(278.96 - \frac{0.3872p}{1 + 0.003661t}\right)D \tag{5-23}$$

式中，p 表示大气压，一般用 MPa 表示；t 表示气温值，一般用 ℃ 表示；D 表示测量距离。

4. 倾斜改正

同普通视距测量倾斜改正的计算公式一样，光电测距仪倾斜改正的计算公式如下：

$$D = L\cos\alpha \tag{5-24}$$

式中，L 表示经过常数改正和气象改正后的距离；α 表示经纬仪测量的竖直角。

5.3.4 光电测距仪使用注意事项

光电测距仪在使用过程中,需要注意以下 6 点:
(1) 在仪器使用和运输过程中,应注意防震。
(2) 严防阳光及强光直射物镜,以免损坏光电器件。
(3) 仪器长期不用时,应将电池取出,并按照要求,在规定时间内充放电。
(4) 在测量时,应离开地面障碍物一定高度,避免通过发热体和较宽水面上空,避开强电磁场干扰的地方。
(5) 光电测距仪配套的棱镜后面不应有反光镜和强光源等背景干扰。
(6) 在测量时,应选择在气象条件比较稳定和通视良好的条件下观测。

思 考 题

1. 什么是距离测量? 距离测量可以分为哪几类?
2. 什么是直线定线? 其依据的原理是什么?
3. 某钢尺的尺长方程式为 $l_t = 30m + 0.0025m + 1.25 \times 10^{-5} \times C^{-1} \times (t - 20\ ℃) \times 30m$,实测 $A—B$ 尺段(如图 5-8 所示),长度 $l = 29.896$ m,A、B 两点间高差 $h = 0.272$ m,测量时的温度 $t = 25.8\ ℃$,分别计算钢尺尺长改正、温度改正和倾斜改正,并求 $A—B$ 尺段的水平距离。

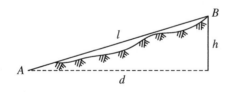

图 5-8 光电测距示意图

4. 视距测量的基本原理是什么? 一般适用于何种条件?
5. 三角高程测量的基本原理是什么? 一般适用于何种条件?
6. 光电测距的基本原理是什么?
7. 光电测距中,脉冲式测距仪和相位式测距仪的异同点有哪些?
8. 什么是光电测距仪的加常数和乘常数?
9. 光电测距过程中,产生误差的因素有哪些?

第6章 坐标测量

6.1 平面理论

在一定范围内,在测量精度要求不高的条件下,地球曲面上的测量可以作为平面测量处理。在平面测量中,由于每个区域参考椭球的选择不同,建立的坐标系也不一样。

6.1.1 坐标系统

测量工作的基本任务是确定点的空间位置,此时坐标系统显然是不可或缺的。在测量时,常见的坐标系统有以下4种。

1. 大地坐标系

在我国,常采用的国家大地坐标系有以下3种:

(1) 1954年北京坐标系,是基于克拉索夫斯基椭球,与前苏联的坐标系进行联测计算而建立的。

(2) 1980年坐标系,基于国际大地测量与地球物理联合会第十六届大会推荐的椭球建立,其大地原点设在我国陕西省泾阳县永乐镇。

(3) CGCS2000坐标系,是地心坐标系,其X轴由原点指向格林尼治参考子午线与地球赤道面(历元2000.0)的交点;Z轴指向历元2000.0的地球参考极的方向,该历元的指向由国际时间局给定的历元为1984.0的初始指向推算,定向的时间演化保证了相对于地壳不产生残余的全球旋转;Y轴则根据右手坐标法则确定。

常见的地球椭球的几何参数如表6-1所示。

表6-1 地球椭球的几何参数

椭球名称	年代	长半轴 a(m)	扁率 f	附注
德兰布尔	1800	6375653	1:334.0	法国
白塞尔	1841	6377397.155	1:299.1528	德国
克拉克	1880	6378249	1:293.459	英国
海福特	1909	6378388	1:297.0	美国
克拉索夫斯基	1940	6378245	1:298.3	苏联
1975大地测量参考系统	1975	6378140	1:298.257	IUGG第16届大会推荐
1980大地测量参考系统	1979	6378137	1:298.257	IUGG第17届大会推荐
WGS-84	1984	6378137	1:298.25722	美国制图局

2. 空间直角坐标系

WGS-84 坐标系是国际上采用的地心坐标系,坐标原点为地球质心,其地心空间直角坐标系的 Z 轴指向 BIH(国际时间服务机构)1984.0 定义的协议地球极(Conventional Terrestrial Pole,简称 CTP)方向,X 轴指向 BIH 1984.0 的零子午面和 CTP 赤道的交点,Y 轴与 Z 轴、X 轴垂直构成右手坐标系,如图 6-1 所示。

3. 独立平面直角坐标系

当测区范围较小时,可将大地水准面看作平面,并在平面上建立独立平面直角坐标系,地面点的位置可用平面直角坐标确定。独立坐标系原点一般选在测区西南角,可以假定,也可以采用高斯平面直角坐标。当采用高斯平面直角坐标时,X 轴向北为正,Y 轴向东为正,测区内 X、Y 均为正值,如图 6-2 所示。

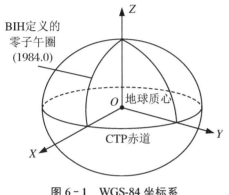

图 6-1 WGS-84 坐标系

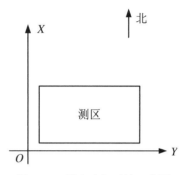

图 6-2 独立坐标系统示意图

4. 高斯平面直角坐标系

在测量内业计算时,要将椭球面上的元素归算投影到平面上。投影就是建立起椭球面上的点与平面上的点一一对应的数学关系。地图投影的基本类型有圆锥投影、圆柱投影、平面投影和任意投影等。

高斯投影由德国数学家高斯(Gauss,1777~1855)提出,后经德国大地测量学家克吕格(Kruger,1857~1923)加以补充完善,故又称"高斯—克吕格投影",简称"高斯投影"。高斯投影是等角横切椭圆柱投影,等角投影就是正形投影。所谓正形投影,就是在极小的区域内椭球面上的图形投影后保持形状相似,如图 6-3 所示。

高斯投影具有以下 7 个特性:

(1) 中央子午线投影后为直线,且长度不变。

(2) 除中央子午线外,其余子午线的投影均为凹向中央子午线的曲线,并以中央子午线为对称轴。投影后有长度变形。

(3) 赤道线投影后为直线,但有长度变形。

(4) 除赤道外的其余纬线,投影后为凸向赤道的曲线,并以赤道为对称轴。

(5) 经线与纬线投影后仍然保持正交。

(6) 所有长度变形的线段,其长度变形比均大于 1。

(7) 离中央子午线愈远,长度变形愈大。

经过高斯投影后,可建立以中央子午线的投影为 X 轴,以赤道的投影为 Y 轴,两轴的交点为坐标原点的高斯平面直角坐标系。需要注意的是:X 轴向北为正,Y 轴向东为正。我国位于北半球,东西横跨 13~23 共计 11 个 6°带,各带又独自构成直角坐标系,因此 X 值均为正,Y 值则有正有负。

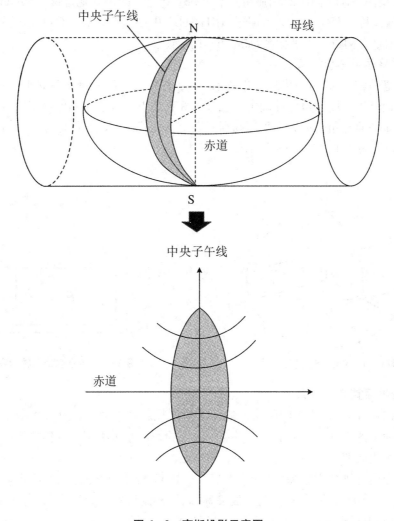

图 6-3　高斯投影示意图

为了避免 Y 坐标出现负值,我国规定把原点向西平移 500 千米。为了区分不同投影带中的点,在 Y 坐标值上加上带号 N。因此,Y 坐标通用表示形式如下:

$$Y = N \times 1000000 + 500000 + Y$$

例如,我国某点 Y 坐标 = 19123456.789 m,则表示该点位于第 19 带内,相对于中央子午线的实际值为:$Y = -376543.211$ m。

6.1.2　平面定向

确定一条直线与基本方向的关系称为平面定向。

1. 基本方向线

在测量工程中,常用的基本方向线有以下 3 个。

(1) 真北方向线

通过地球表面某点的真子午线的切线方向,称为该点的真子午线方向。真子午线方向可采用天文测量方法或陀螺经纬仪测定。真子午线方向所指的北方向,即为真北方向线。如图6-4所示,P_1、P_2表示地球上的任意点。

(2) 磁北方向线

磁北方向是小磁针在地球磁场的作用下,自由静止时其北端所指的方向。磁北方向可用罗盘仪测定,如图6-5所示,A点表示地球上任意一点,P点表示地球北极,P'点表示小磁针在A点静止时所在的地球磁场北极。

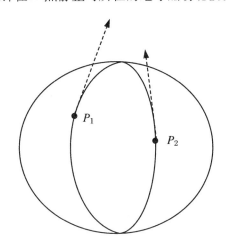

图6-4 真北方向线

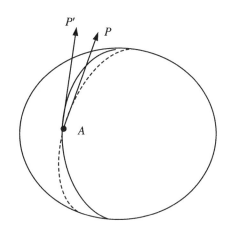

图6-5 磁北方向线

(3) 坐标北方向线

在高斯平面直角坐标系中,坐标纵轴为6°带或3°带的中央子午线,其方向即为坐标北方向。如图6-6所示,P_1、P_2表示地球上的任意两点。

2. 三北方向线之间的关系

地球上任意一点的真北方向、磁北方向和坐标北方向之间的关系如图6-7所示。

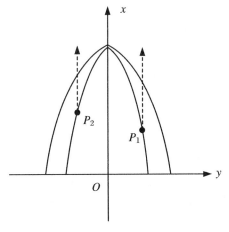

图6-6 坐标北方向线

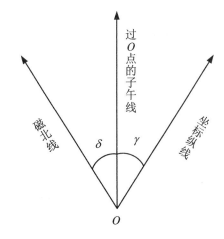

图6-7 三北方向线关系

过某点的真子午线方向与坐标纵线方向的夹角,称为子午线收敛角 γ。坐标纵线偏真子午线以东,则子午线收敛角为正,反之为负。

磁北线与真子午线的夹角,称为磁偏角 δ。磁北线偏真子午线以东,则磁偏角为正,反之为负。

3. 方位角

方位角是从基本方向线起按照顺时针旋转到空间任意直线所夹的角度,如图 6-8 所示,方位角取值范围为 $0°\sim360°$。

(1) 三北方位角转换

三北方位角之间的转换公式如下所示:

$$\begin{cases} A_{AB真} = A_{AB磁} + \delta \\ A_{AB真} = \alpha_{AB} + \gamma_A \end{cases} \quad (6-1)$$

(2) 正反方位角换算

过 A、B 两点坐标北方向是相互平行的,如图 6-9 所示。正、反坐标方位角关系如下:

$$\alpha_{AB} = \alpha_{BA} \pm 180° \quad (6-2)$$

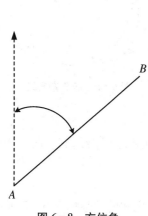

图 6-8 方位角

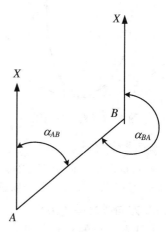

图 6-9 正反方位角示意图

(3) 同一点坐标方位角的推算

在同一起点或者终点条件下,如图 6-10 所示,坐标方位角和连接角的几何关系如下:

$$\alpha_{AB} = \alpha_{AC} + \beta \quad (6-3)$$

对式(6-3)进行变换,可得

$$\alpha_{AC} = \alpha_{AB} - \beta \quad (6-4)$$

$$\beta = \alpha_{AB} - \alpha_{AC} \quad (6-5)$$

(4) 坐标方位角的推算

例如,已知方位角 α_{AB} 和各连接角 β_1、β_2、β_3、β_4、β_5、β_6,求解方位角 α_{CD},如图 6-11 所示。

根据上述(1)、(2)和(3),可有如下推导过程:

$$\alpha_{AP_1} = \alpha_{AB} + \beta_1$$

$$\alpha_{P_1P_2} = \alpha_{P_1A} + \beta_2 = \alpha_{AB} + \beta_1 + \beta_2 \pm 180°$$

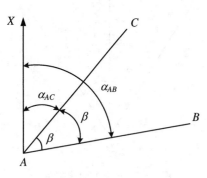

图 6-10 同点方位角推算

$$\alpha_{P_2P_3} = \alpha_{P_2P_1} + \beta_3 = \alpha_{AB} + \beta_1 + \beta_2 + \beta_3 \pm 2 \cdot 180°$$

$$\alpha_{CD} = \alpha_{AB} + \sum \beta \pm 5 \cdot 180°$$

进而可概括出方位角推算一般公式如下：

$$\alpha_{CD} = \alpha_{AB} + \sum \beta \pm n \cdot 180° \tag{6-6}$$

式中，β 表示各连接角，如果位于推算路线左边，则为正，反之为负；n 表示正、反方位角转换次数。

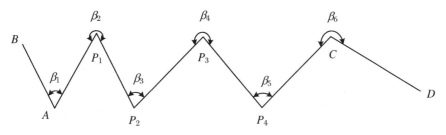

图 6-11　方位角推算

（5）象限角和坐标方位角的关系

象限角是指任意直线与基本方向线之间的锐角，如图 6-12 所示。

如果象限角用 θ 表示，坐标方位角用 α_{AB} 表示，那么在四个象限内，两者之间的关系如下：

第一象限内 $\alpha_{AB} = \theta$
第二象限内 $\alpha_{AB} = 180° - \theta$
第三象限内 $\alpha_{AB} = 180° + \theta$
第四象限内 $\alpha_{AB} = 360° + \theta$

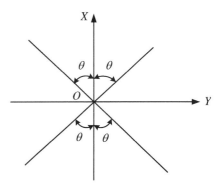

图 6-12　象限角和坐标方位角关系图

6.2　全　站　仪

全站仪是随着计算机和电子测距技术的发展，将电子测距与电子经纬仪相结合，既能测角又能测距的仪器，又称为全站型电子速测仪。

简单地说，全站仪就是水准仪、经纬仪、测距仪和测量软件功能的结合，可以测量目标高度、目标夹角和距离，可以按设计的功能计算。

全站仪中的数据包括：

(1) 在野外测量中，可采集水平角、竖直角和倾斜距离 3 种基本数据。
(2) 通过内部微处理器计算，可得到坐标、方位角、高差和高程等数据。

6.2.1 全站仪简介

全站仪各组成部件如图 6-13 所示。

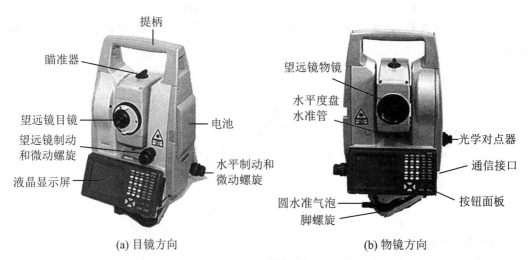

图 6-13 全站仪结构示意图

在全站仪软件系统操作过程中,各按键和对应的功能如图 6-14 所示。

(a) 操作面板

按键	名称	功能
POWER	电源键	控制电源的开/关
F1~F4	软键	功能参见所显示的信息
0~9	数字键	输入数字,用于预置数值
A~/	字母键	输入字母
Tab	Tab 键	光标右移或下移一个字段
B.S	后退键	输入数字或字母时,光标向左删除一位
Ctrl	Ctrl 键	同 PC 上 Ctrl 键功能
Shift	Shift 键	同 PC 上 Shift 键功能
Alt	Alt 键	同 PC 上 Alt 键功能
Func	Func 键	执行软件定义的具体功能
S.P	空格键	输入空格
▭	输入面板键	显示输入面板
✥	光标键	上下左右移动光标
a	字母切换键	切换到字母输入模式
★	星键	用于仪器若干常用功能的操作
ESC	退出键	退回到前一个显示屏或前一个模式
ENT	回车键	数据输入结束并认可时按此键

(b) 按键功能

图 6-14 全站仪的按键

6.2.2 全站仪的使用

1. 仪器开箱和存放

开箱:轻轻地放下箱子,让其盖朝上,打开箱子的锁栓,开箱盖,取出仪器。

存放:盖好望远镜镜盖,使照准部的垂直制动手轮和基座的水准器朝上,将仪器平卧(望远镜物镜端朝下)放入箱中,轻轻旋紧垂直制动手轮,盖好箱盖,并关上锁栓。

2. 安置仪器

首先将三脚架打开,使三脚架的三腿近似等距,并使顶面近似水平,拧紧三个固定螺旋。然后使三脚架的中心与测点近似位于同一铅垂线上,之后踏紧三脚架使之牢固地支撑于地面上。将仪器小心地安置到三脚架顶面上,用一只手握住仪器,另一只手松开中心连接螺旋,在架头上轻移仪器,直到垂球对准测站点标志的中心,然后轻轻拧紧连接螺旋。

3. 圆气泡整平

旋转两个脚螺旋 A、B,使圆水准气泡移到与上述两个脚螺旋中心连线相垂直的直线上,如图 6-15(a)所示;再旋转脚螺旋 C,使圆水准气泡居中,如图 6-15(b)所示。

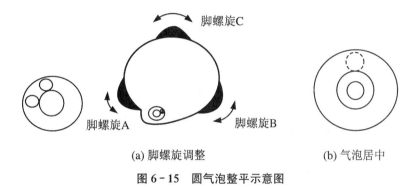

(a) 脚螺旋调整　　　　　(b) 气泡居中

图 6-15　圆气泡整平示意图

4. 管水准器精平

松开水平制动螺旋,转动仪器使管水准器平行于某一对脚螺旋 A、B 的连线,再旋转脚螺旋 A、B,使管水准器气泡居中,如图 6-16(a)所示。将仪器绕竖轴旋转 90°,再旋转另一个脚螺旋 C,使管水准器气泡居中,如图 6-16(b)所示。再次旋转仪器 90°,重复上述步骤,直到四个位置上气泡都居中为止。

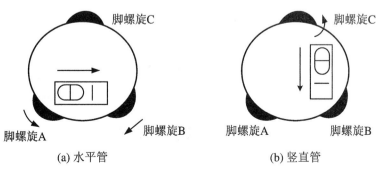

(a) 水平管　　　　　　　(b) 竖直管

图 6-16　管水准器精平示意图

5. 光学对中器对中

根据观测者的视力调节光学对中器望远镜的目镜,松开中心连接螺旋,轻移仪器,将光学对中器的中心标志对准测站,然后拧紧连接螺旋。在轻移仪器时不要让仪器在架头上有转动,以尽可能减少气泡的偏移。如图 6-17 所示。

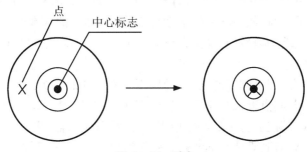

图 6-17 对中

6. 精平仪器

无论全站仪旋转到任何位置,管水准器气泡始终居中,则表明全站仪精平操作完成。

6.2.3 配套工具

1. 棱镜

在使用全站仪作业时,需要在目标位置放置反射棱镜。反射棱镜可通过基座连接器将棱镜组与基座连接,再安置到三脚架上,也可直接安置在对中杆上。可以根据测量精度的不同要求,选择目标类型,分为无棱镜、反射片和棱镜三种,如图 6-18 所示。

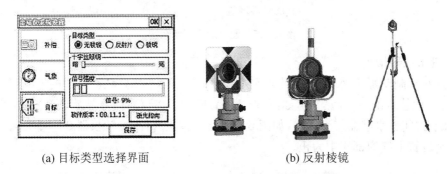

(a) 目标类型选择界面　　　　　　(b) 反射棱镜

图 6-18 全站仪反射类型设置

2. 其他工具

在使用全站仪作业时,还需要空盒气压计、干湿温度计和对讲机等辅助工具。

6.3 全站仪程序

无论是国产的还是国外的全站仪,程序功能大同小异。这里以 Windows CE 为例,如图

6-19所示,阐明各模块的功能和作用。

图 6-19　全站仪 Windows CE 操作界面

6.3.1　基本测量

点击基本测量后,界面如图 6-20 所示。从中可以看出,基本测量包括测角、测距和坐标,以及相应参数的设置。

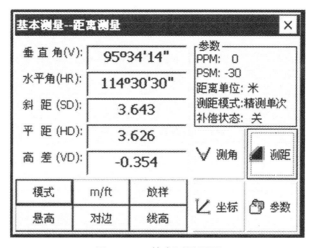

图 6-20　基本测量界面

在测角模式下,对应置零、置角、锁角、复测、V%和左/右角 6 个按键,具体功能如表 6-2 所示。

在测距模式下,对应模式、m/ft、放样、悬高、对边和线高 6 个按键,具体功能如表 6-3 所示。

在坐标测量模式下,对应模式、设站、后视、设置、导线和偏心 6 个按键,具体功能如表 6-4 所示。

表 6-2 测角按键功能表

模式	显示	软键	功能
测角	置零	1	水平角置零
	置角	2	预置一个水平角
	锁角	3	水平角锁定
	复测	4	水平角重复测量
	V%	5	垂直角/百分度的转换
	左/右角	6	水平角左角/右角的转换

表 6-3 测距按键功能表

模式	显示	软键	功能
测距	模式	1	设置单次精测/N 次精测/连续精测/跟踪测量模式
	m/ft	2	距离单位米/国际英尺/美国英尺的转换
	放样	3	放样测量模式
	悬高	4	启动悬高测量功能
	对边	5	启动对边测量功能
	线高	6	启动线高测量功能

表 6-4 测坐标按键功能表

模式	显示	软键	功能
坐标	模式	1	设置单次精测/N 次精测/连续精测/跟踪测量模式
	设站	2	预置仪器测站点坐标
	后视	3	预置后视点坐标
	设置	4	预置仪器高度和目标高度
	导线	5	启动导线测量功能
	偏心	6	启动偏心测量(角度偏心/距离偏心/圆柱偏心/屏幕偏心)功能

6.3.2 坐标测量

在使用全站仪测量坐标时,基本原理如图 6-21 所示。已知测站点坐标 (N_0, E_0, Z_0),仪器中心至棱镜中心的坐标差 (n, e, z),未知点坐标 (N_1, E_1, Z_1) 为求解值。

根据各点几何关系,未知点坐标计算公式如下:

$$\begin{cases} N_1 = N_0 + n \\ E_1 = E_0 + e \\ Z_1 = Z_0 + 仪器高 + z - 棱镜高 \end{cases} \quad (6-7)$$

在全站仪坐标测量模式下,具体操作步骤如下:
(1) 设置气象参数。

顾及大气条件的影响,坐标测量时须使用气象改正参数修正测量成果,如图 6-22 所示,包括温度、气压、PPM 值和 PSM 值。

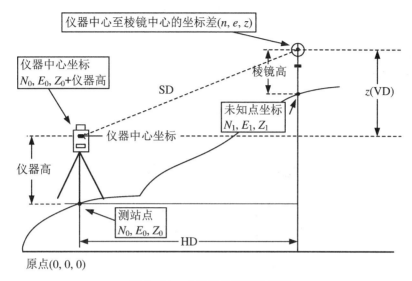

图 6-21 全站仪坐标测量原理

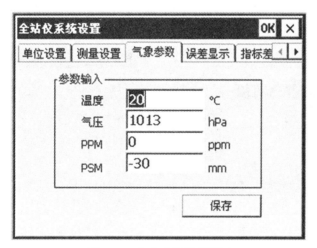

图 6.22 气象参数设置界面

在进行平距测量和高差测量时,可对大气折光和地球曲率的影响进行自动改正。若不进行大气折光和地球曲率改正,则平距和高差的计算公式如式(6-8)和式(6-9)所示:

$$D = S\cos \alpha \qquad (6-8)$$
$$H = S\sin \alpha \qquad (6-9)$$

若经过大气折光和地球曲率的改正,则平距和高差的计算公式如式(6-10)和式(6-11)所示:

$$D = S \times [\cos \alpha + \sin \alpha \times S \times \cos \alpha \times (K - 2) / 2 \times R_e] \qquad (6-10)$$
$$H = S \times [\sin \alpha + \cos \alpha \times S \times \cos \alpha \times (1 - K) / 2 \times R_e] \qquad (6-11)$$

上述公式中,K 表示大气折光系数,R_e 为地球曲率半径,S 表示斜距,α 表示从水平面起算的竖角。

(2) 设置目标类型。

Windows CE 系统中可设置红色激光测距和不可见光红外测距,可选用的反射体有棱镜、无棱镜及反射片。所用的棱镜需要与棱镜常数匹配,测量员可根据作业需要自行设置。

(3) 设置测站点。

测站点坐标设置如图 6-23 所示,具体步骤如下:

① 单击"坐标"键,进入坐标测量模式。

② 单击"设站"键。

③ 输入测站点坐标,输入完一项,单击"确定"或按<Enter>键将光标移到下一输入项。

④ 所有数据输入完毕,单击"确定"或按<Enter>键返回坐标测量屏幕。

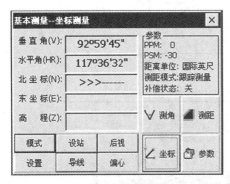

(a) ①对应的界面

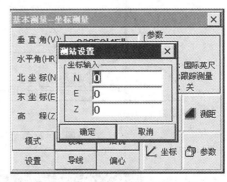

(b) ②对应的界面

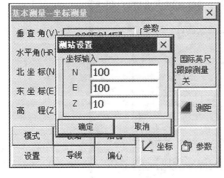

(c) ③对应的界面

(d) ④对应的界面

图 6-23 测站点坐标设置

(4) 设置后视点。

后视点坐标设置如图 6-24 所示,具体步骤如下:

① 单击"后视"键,进入后视点设置功能。

② 输入后视点坐标,输入完一项,单击"确定"或按<Enter>键将光标移到下一输入项。

③ 输入完毕,单击"确定"。

④ 照准后视点,单击"是"。系统设置好后视方位角,并返回坐标测量屏幕。屏幕中显示刚才设置的后视方位角。

(5) 设置仪器高/棱镜高。

仪器高/棱镜高设置如图 6-25 所示,具体步骤如下:

第 6 章　坐 标 测 量

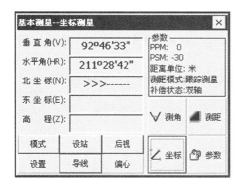 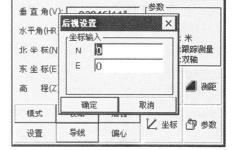

(a) ①对应的界面　　　　　　　　　(b) ②对应的界面

 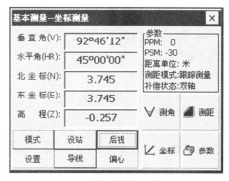

(c) ③对应的界面　　　　　　　　　(d) ④对应的界面

图 6-24　后视点坐标设置

(a) ①对应的界面　　　　　　　　　(b) ②对应的界面

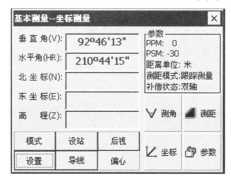

(c) ③对应的界面

图 6-25　仪器高/棱镜高设置

① 单击"设置"键,进入仪器高、目标高设置功能。
② 输入仪器高和目标高,输入完一项,单击"确定"或按<Enter>键将光标移到下一输入项。
③ 所有数据输入完毕,单击"确定"或按<Enter>键返回坐标测量屏幕。
(6) 坐标测量。
具体步骤如下:
① 照准目标点;
② 单击"坐标"键,测量结束,显示结果,如图 6-26 所示。

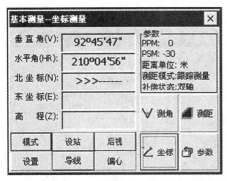
(a) 单击"坐标"键

(b) 结果显示界面

图 6-26 坐标测量

6.4 全站仪的检验与校正

全站仪在出厂时均经过严格的检验与校正,符合质量要求。但经过长途运输或环境变化,其内部结构会受到一定影响,因此,新购买的仪器在作业前需要进行各项检验与校正,以确保作业成果精度。

6.4.1 圆水准气泡校正

圆水准气泡检验的目的是为了保证圆水准器轴平行于仪器竖轴,检验步骤如下:
(1) 用脚螺旋使圆水准气泡居中。
(2) 将望远镜旋转 180°,若气泡仍居中,满足要求;若气泡不居中,则需要进行校正。
校正时,应先松开气泡偏移方向对面的校正螺丝(1 或 2 个),然后拧紧偏移方向的其余校正螺丝使气泡居中。气泡居中时,三个校正螺丝的紧固力均应一致。

6.4.2 管水准器校正

管水准器检验是为了保证水准管轴平行于视准轴。在检验时,将仪器旋转 180°,检查气泡是否居中。如果气泡不居中,则需要校正,步骤如下:

(1) 先用与管水准器平行的脚螺旋进行调整,使气泡向中心移近一半的偏离量。剩余的一半用校正针转动水准器校正螺丝(在水准器右边)进行调整至气泡居中。

(2) 将仪器旋转180°,检查气泡是否居中,如果不居中,重复(1)步骤,直至气泡居中。

(3) 将仪器旋转90°,调整第三个脚螺旋使气泡居中。

(4) 重复检验与校正步骤直至照准部转至任何方向气泡均居中为止。

6.4.3 望远镜分划板的检验与校正

望远镜分划板检验步骤如下:

(1) 整平仪器后在望远镜视线上选定一目标点 A,用分划板十字丝中心照准 A 并固定水平和垂直制动手轮。

(2) 转动望远镜垂直微动手轮,使 A 点移动至视场的边沿(A'点)。

(3) 若 A 点沿十字丝的竖丝移动,即 A' 点仍在竖丝之内,则十字丝不倾斜,不必校正。如果 A' 点偏离竖丝中心,则十字丝倾斜,如图 6-27 所示,需对分划板进行校正。

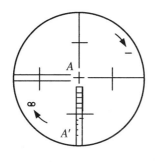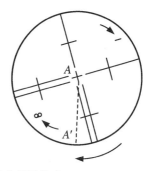

图 6-27 望远镜分划板检验

校正步骤如下:

(1) 取下位于望远镜目镜与调焦手轮之间的分划板座护盖,可看见四个分划板座固定螺丝,如图 6-28 所示。

(2) 用螺丝刀均匀地旋松这四个固定螺丝,绕视准轴旋转分划板座,使 A' 点落在竖丝的位置上。

(3) 均匀地旋紧固定螺丝,再用上述方法检验校正结果。

(4) 将护盖安装回原位。

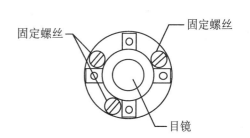

图 6-28 望远镜螺丝的校正

6.4.4 竖盘指标零点自动补偿

竖盘指标零点自动补偿检验步骤如下:

(1) 安置和整平仪器后,使望远镜的指向和仪器中心与任一脚螺旋 X 的连线相一致,旋紧水平制动手轮。

(2) 开机后指示竖盘指标归零,旋紧垂直制动手轮,仪器显示当前望远镜指向的竖直角值。

(3) 朝一个方向慢慢转动脚螺旋 X 至 10 mm 圆周距左右时,显示的竖直角由相应随着变化到消失出现"b"信息,表示仪器竖轴倾斜已大于 $3'$,超出竖盘补偿器的设计范围。当反向旋转脚螺旋复原时,仪器又复现竖直角。在临界位置可反复试验观其变化,表示竖盘补偿器工作正常。当发现仪器补偿失灵或异常时,应送厂检修。

6.5 卫星定位原理

全站仪是利用测距交会确定点位坐标的,但是这种方法存在以下 6 方面的局限性:
(1) 需要事先布设大量的地面控制点/地面站。
(2) 无法同时精确确定点的三维坐标。
(3) 观测受气候、环境条件限制。
(4) 观测点之间需要保证通视。
(5) 受系统误差影响大,如地球折光差。
(6) 难以确定地心坐标。

假想将无线电信号发射台从地面搬到卫星上,组成卫星导航定位系统,应用无线电测距交会原理,便可利用三个以上地面已知点(控制站)交会出卫星的位置,反之利用三颗以上的卫星的已知空间位置又可交会出地面未知点(用户接收机)的位置,这就是卫星定位的基本原理。利用空间测距交会定位方法可以有效解决常规定位方法的局限性问题。目前,卫星定位主要以美国全球定位系统(Global Positioning System,简称 GPS)、俄罗斯格洛纳斯卫星导航系统(Global Navigation Satellite System,简称 GLO-NASS)和我国自主研制的北斗卫星导航系统(BeiDou Navigation Satellite System,简称 BDS)为典型[12]。

北斗卫星导航系统由空间端、地面端和用户端三部分组成,空间端包括 5 颗静止轨道卫星和 30 颗非静止轨道卫星,地面端包括主控站、注入站和监测站等若干个地面站。北斗卫星导航系统提供两种服务方式:开放服务和授权服务。30 颗非静止轨道卫星包括 27 颗中轨卫星和 3 颗倾斜同步卫星,27 颗中轨卫星分布在倾角为 55°的三个轨道平面上,如图 6-29 所示,每个面上有 9 颗卫星,轨道高度为 21500 km。

北斗卫星导航系统实时地发送导航电文和测距信号。卫星星历数据中的卫星时间被提取出来,并与发送时的时间做对比,得出卫星和用户之间的时间差。然后,采用时间差数据推算出用户接收机在空间中的三维坐标值。已知卫星坐标 (x_1, y_1, z_1)、(x_2, y_2, z_2)、(x_3, y_3, z_3) 和卫星与接收机之间的时间差 t_1、t_2、t_3,求解接收机坐标 (x, y, z) 的计算公式如下:

$$\begin{cases} (x_1 - x)^2 + (y_1 - y)^2 + (z_1 - z)^2 = c^2 t_1^2 \\ (x_2 - x)^2 + (y_2 - y)^2 + (z_2 - z)^2 = c^2 t_2^2 \\ (x_3 - x)^2 + (y_3 - y)^2 + (z_3 - z)^2 = c^2 t_3^2 \end{cases} \quad (6-12)$$

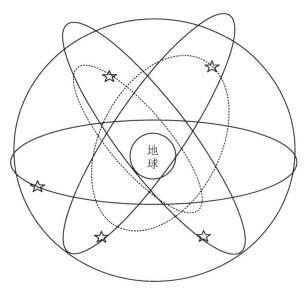

图 6-29 北斗卫星导航系统

6.6 卫星定位方法

根据无线电测距交会原理,卫星定位方法主要有伪距法、载波相位法和差分定位法等。

1. 伪距法

用于测定从卫星至接收机间距离的二进制码,称为测距码。测距码有两种:粗码/捕获码(Coarse/Acquisition Code,简称 C/A 码)和精码(Precise Code,简称 P 码)。伪距是指接收机获取的信号传播时间乘以电磁波传播速度 c 所得的量测距离,用 $\tilde{\rho}$ 表示。在伪距定位过程中,Δt_i^j 表示接收机获取的信号传播时间,$\Delta \tau_i^j$ 表示真实信号传播时间,δt_i^j 表示接收机钟同卫星钟的偏差,满足

$$\tilde{\rho}_i^j = \Delta t_i^j c \tag{6-14}$$

接收机获取的信号传播时间和真实信号传播时间及钟差之间有如下关系:

$$\Delta \tau_i^j = \Delta t_i^j + \delta t_i^j \tag{6-15}$$

联立式(6-14)和式(6-15),可得

$$\tilde{\rho}_i^j = c\Delta \tau_i^j - c\delta t_i^j \tag{6-16}$$

式中,ρ_i^j 表示卫星到用户接收机的几何距离,满足

$$c\Delta \tau_i^j = \rho_i^j \tag{6-17}$$

联立式(6-16)和式(6-17),可得

$$\tilde{\rho}_i^j = \rho_i^j - c\delta t_i^j \tag{6-18}$$

如果忽略卫星之间钟差的影响,并考虑电离层、对流层折射影响,用 $\Delta t_i^j I(t)$ 表示电离层改正模型,$\Delta t_i^j T(t)$ 表示对流层改正模型,可得

$$\tilde{\rho}_i^j = \rho_i^j - c\delta t_i(t) - \Delta_i^j I(t) - \Delta_i^j T(t) \tag{6-19}$$

卫星坐标(X_s, Y_s, Z_s)和接收机坐标(X, Y, Z)之间的几何距离 ρ 满足如下关系:

$$\rho^2 = (X_s - X)^2 + (Y_s - Y)^2 + (Z_s - Z)^2 \qquad (6-20)$$

联立式(6-19)和式(6-20),可得伪距法定位公式:

$$[(X_s - X)^2 + (Y_s - Y)^2 + (Z_s - Z)^2]^{1/2} - c\delta t_i = \tilde{\rho}^j + \Delta_i^j I(t) + \Delta_i^j T(t) \qquad (6-21)$$

在式(6-21)中,X、Y、Z 和 δt_i^j 为待求变量,因此必须同时观测 4 颗卫星才能进行定位。在上述公式中,$i = 1,2,3,\cdots$,表示接收机数量;$j = 1,2,3,\cdots$,表示接收机捕获到的卫星数。

2. 载波相位测量定位

由于测距码的码元长度较大,无法满足高精度测绘需要。如果将观测精度取至测距码波长的百分之一,则伪距测量对 P 码而言测量精度为 0.3 m,对 C/A 码而言为 3 m 左右。如果把载波作为测量信号,由于载波的波长短,可以达到高精度要求。但是载波信号是一种周期性正弦信号,而相位相关只能测定不足一个波长的部分,因而存在着整周期数不能确定的问题,使解算过程变得比较复杂。

载波相位测量测量接收机接收到的具有多普勒频移的载波信号与接收机产生的参考载波信号之间的相位差,通过相位差来求解接收机位置。GPS 载波相位观测如图 6-30 所示。初始时刻 t_0 观测相位差 $\Delta\varphi_0$,整周数 N_0 未知;任一时刻 t_i 观测相位差 $\Delta\varphi_i$ 和整周数的变化值 $\mathrm{Int}(\varphi)$,存在以下关系式:

$$\Phi_k^j(t_0) = \varphi_k^j(t_0) - \varphi_k(t_0) + N_0 \qquad (6-22)$$

$$\Phi_k^j(t_i) = \varphi_k^j(t_i) - \varphi_k(t_i) + N_0 + \mathrm{Int}(\Phi) \qquad (6-23)$$

在 GPS 信号中,由于已用相位调整的方法在载波上调制了测距码和导航电文,因此接收到的载波相位不连续,所以在进行载波相位测量以前,首先要进行解调工作,设法将调制在载波上的测距码和导航电文去掉,重新获得载波,这一工作称为重建载波。重建载波有两种方法。一种是码相关法:将所接收到的调制信号(卫星信号)与接收机产生的复制码相乘。另一种是平方法:将所接收到的调制信号(卫星信号)自乘。采用前者,用户可同时提取测距信号和卫星电文,但用户必须知道测距码的结构;采用后者,用户无需知道测距码的结构,但只能获得载波信号而无法获得测距码和导航电文。

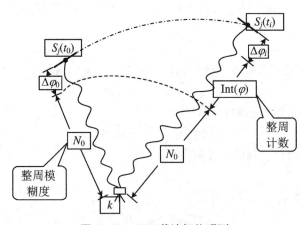

图 6-30 GPS 载波相位观测

设在 GPS 标准时刻 T_a 卫星 S^j 发射的载波信号相位 $\varphi(t_a)$ 经传播延迟 τ 后,在 GPS 标准时刻 T_b 到达接收机。根据电磁波传播原理,T_b 时刻接收到的相位和 T_a 时发射的相位不变,即 $\varphi^j(t_b) = \varphi^j(t_a)$,而在 T_b 时刻,接收机本振产生的载波相位为 $\varphi(t_b)$,载波相位观测

量公式为

$$\Phi = \varphi(t_b - \varphi^j(t_a)) \quad (6-24)$$

考虑到卫星钟差和接收机钟差,有关系式:

$$\left.\begin{array}{l}T_a = t_a + \delta t_a \\ T_b = t_b + \delta t_b\end{array}\right\} \Rightarrow \Phi = \varphi(T_b - \delta t_b) - \varphi^j(T_a - \delta t_a) \quad (6-25)$$

对于卫星钟和接收机钟,其振荡器频率一般稳定良好,所以振荡器信号的相位与频率的关系可表示为

$$\varphi(t + \Delta t) = \varphi(t) + f \cdot \Delta t \quad (6-26)$$

在上述公式中,f 表示信号频率,Δt 表示微小时间间隔,以 2π 为单位。

如果 f^j 表示卫星发射的载波频率,f_i 表示接收机本振产生的固定参考频率,那么 $f^j = f_i = f$,同时考虑到 $T_b = T_a + \Delta \tau$,则可得

$$\varphi(T_b) = \varphi^j(T_a) + f\Delta\tau \quad (6-27)$$

联系式(6-26)和式(6-27),式(6-25)可以变换为

$$\Phi = \varphi(T_b) - f\delta t_b - \varphi^j(T_a) + f\delta t_a = f\Delta\tau - f\delta t_b + f\delta t_a \quad (6-28)$$

在传播延迟 $\Delta\tau$ 中,如果考虑电离层和对流层的影响 $\delta\rho_1$ 和 $\delta\rho_2$,则有

$$\Delta\tau = \frac{1}{c}(\rho - \delta\rho_1 - \delta\rho_2) \quad (6-29)$$

其中,c 表示电磁波传播速度,ρ 表示卫星到接收机之间的几何距离。

把式(6-29)代入式(6-28),可得

$$\Phi = \frac{f}{c}(\rho - \delta\rho_1 - \delta\rho_2) + f\delta t_a - f\delta t_b \quad (6-30)$$

考虑到载波相位整周数 $N_k^j = N_0^j + \text{Int}(\varphi)$,则有载波相位定位公式:

$$\Phi' = \frac{f}{c}\rho + f\delta t_a - f\delta t_b - \frac{f}{c}\delta\rho_1 - \frac{f}{c}\delta\rho_2 + N_k^j \quad (6-31)$$

伪距法定位与载波相位定位的对比如表 6-5 所示。

表 6-5 伪距法定位与载波相位定位对比

测距方法	伪距定位	载波相位测量
测量对象	测距码	载波
测量内容	Δt	$\Delta\varphi$
测量原理	$\rho = c\Delta t$	
实际测量值	本地码的延迟时间	差频信号的相位
优点	无模糊测距,可以实现实时定位	测距精度高
缺点	精度低,单点定位的应用受到限制	不容易实时定位,有周跳现象,受误差影响,解算复杂

3. 差分定位

根据差分 GPS 基准站发送信息方式,可将差分 GPS 定位分为 3 类。3 类差分方式的工作原理是相同的,都是由基准站发送改正数,由用户站接收并对其测量结果进行改正,以获得精确的定位结果。不同的是发送改正数的具体内容不一样,其差分定位精度也不相同。

(1) 位置差分

由于存在着轨道误差、时钟误差、大气影响、多径效应以及其他误差,解算出的坐标与基

准站的已知坐标是不一样的,存在误差。基准站利用数据链将此改正数发送出去,由用户站接收,并且对其解算的用户站坐标进行改正,最后得到的改正后的用户坐标已消去了基准站和用户站的共同误差,大大提高了定位精度。以上先决条件是基准站和用户站观测同一组卫星的情况。位置差分法适用于用户与基准站间距离在 100 km 以内的情况。

(2) 伪距差分

伪距差分是目前用途最广的一种技术。几乎所有的商用差分 GPS 接收机均采用这种技术,国际海事无线电委员会推荐的 RTCM SC-104 也采用了这种技术。在基准站上的接收机要求得到它与可见卫星的距离,并将此计算出的距离与含有误差的测量值加以比较,利用一个 α-β 滤波器将此差值滤波并求出其偏差。然后将所有卫星的测距误差传输给用户,用户利用此测距误差来改正测量伪距值。最后,用户利用改正后的伪距解算出接收机的位置,就可消去公共误差,提高定位精度。

与位置差分相似,伪距差分能将两站的公共误差抵消,但随着用户到基准站距离的增加又出现了系统误差,这种误差用任何差分方法都是不能消除的。用户和基准站之间的距离对精度有决定性影响。

(3) 载波相位差分

利用 GPS 卫星载波相位进行静态基线测量,可获得高精度的测量数据。但为了求解出可靠的相位模糊度,要求静止观测 1~2 个小时或更长时间,这样就限制了在工程作业中的应用。因此,寻求快速测量的方式方法应运而生。例如,采用整周模糊度快速逼近技术可使基线观测时间缩短到 5 分钟,采用准动态(Stop and Go)、往返重复设站(Re-occupation)和动态(Kinematic)等方式来提高 GPS 作业效率。这些技术对推动精密 GPS 测量起到了促进作用,但上述这些作业方式都是作业后进行数据处理,不能实时提交成果和实时评定成果质量,很难避免出现事后检查不合格造成的返工现象。

6.7 RTK 测量系统

RTK 测量系统包括基准站和移动站两个部分,由主机、手簿和配件组成,如图 6-31 所示。

1. 主机

主机外形呈四方柱形。主机前侧为按键和液晶显示屏。仪器顶部有电台接口,主机背面有 SIM 卡插口、电源口、差分数据口。主机底部有一串条形码编码,是主机机号。各组件如图 6-32 所示,具体功能如下:

(1) 天线接口:安装 UHF 电台天线/网络信号天线。

(2) SIM 卡卡槽:在使用 GSM/CDMA/3G 等网络时,芯片面向下插入该卡槽。

(3) 五针外接电源口、差分数据口:作为电源接口使用,可外接移动电源、大电瓶等供电设备;作为串口输出接口使用,可以通过串口软件查看主机输出数据、调试主机。

(4) 七针数据口:USB 传输接口,具备 OTG 功能,可外接 U 盘。

(5) 连接螺口:用于固定主机于基座或对中杆。

(6) 主机机号:用于申请注册码,和手簿蓝牙识别主机及对应连接。

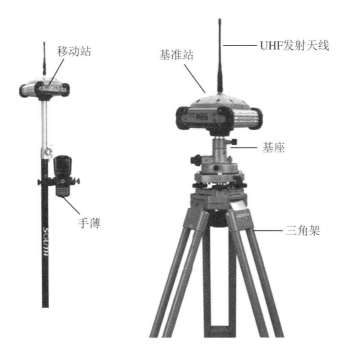

图 6-31 RTK 测量系统

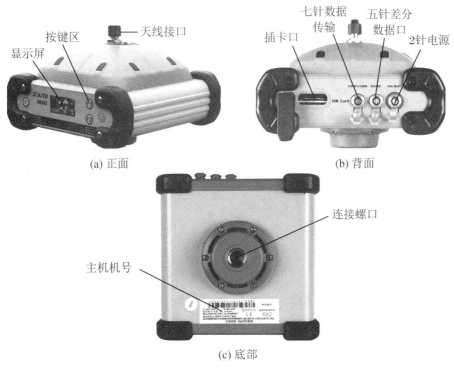

图 6-32 主机各部件

(7) 两针电源口:CH/BAT 为主机电池充电接口。

指示灯位于液晶屏的下侧,左侧的 DATA 等为发信号指示灯和接信号指示灯,REC 灯、BT 灯分别为数据传输灯和蓝牙灯。按键从左到右依次为重置键、两个功能键和开关机键。具体功能和作用如表 6-6 所示。

表 6-6 指示灯功能列表

项目	功能	作用或状态
开机键	开关机,确定,修改	开机,关机,确定或修改项目,选择修改内容
或 键	翻页,返回	一般为选择修改项目,返回上级接口
重置键	强制关机	特殊情况下用于关机,不影响已采集数据
DATA 灯	数据传输灯	按接收或发射间隔闪烁
REC 灯	数据传输灯	静态采集时按采集间隔闪烁
BT 灯	蓝牙灯	常亮表示蓝牙连接正常
PWR 灯	电源指示灯	常亮电量正常,闪烁提示电量不足

各种模式下指示灯状态的说明:

(1) 静态模式:REC 灯按设置的采样间隔闪烁。

(2) 基准站模式:DATA 灯按发射间隔闪烁。

(3) 移动站模式:DATA 灯在收到差分数据后,按发射间隔闪烁;BT 灯在蓝牙接通时长亮。

2. 手簿

RTK 测量手簿具有工业级防水、防尘、防震功能,外形如图 6-33 所示。

(a) 正面

(b) 背面

图 6-33 手簿

各按键功能如表 6-7 所示。

表6-7 手簿按键功能

按键	功能
开机/关机	电源键
背光灯键	打开键盘背光灯
<Shift>	同电脑上 Shift 键功能
<-->空格键	输入空格
<Bksp>	输入数字或字母时,光标向左删除一位
<Ctrl>	同电脑上 Ctrl 键功能
<Enter>	打开文件夹或文件,确认输入字符完毕
<Tab>	光标右移或下移一个字段
<Esc>	关闭或退出(不保存)
黄色<Shift>	辅助启用字符输入功能
蓝键	辅助启用功能键
<Ctrl+SP>	切换输入法状态
<Ctrl+Esc>	禁用或启用屏幕键盘

手簿配件电池通常为锂电池,在使用前对其充电,一般充电时长为4小时,充电器有过充保护功能。当系统指示灯绿光和红光一起显示的时候表示正在充电,当只显示绿光时表示充电完成。为了延长电池寿命,最好在温度0~45℃时对其充电。75%的充电指示对快速充电比较有用,这时只需一个小时就可以充满。

手簿数据线通常为 USB 通信电缆,用于连接采集手簿和电脑,以及配合连接软件 Microsoft Active Sync 或者 Windows Mobile 设备中心来传输手簿中的测量数据。

3. 差分天线

差分天线如图6-34所示,UHF 内置电台基准站模式和 UHF 内置电台移动站模式均需要用到 UHF 差分天线。

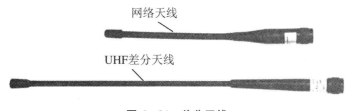

图6-34 差分天线

4. 数据线

RTK 测量系统中,数据线包括七芯转 USB 数据线、七芯 OTG 线、差分口通信电缆等。

(1) 七芯转 USB 数据线:连接接收机主机和电脑,用于传输静态数据和主机固件的升级。如图6-35所示。

(2) 七芯 OTG 线:RTK 主机外接 U 盘时使用,可直接拷贝静态数据至 U 盘中。如图6-36所示。

图 6-35　七芯转 USB 数据线

图 6-36　七芯 OTG 线

(3) 差分口通信电缆：用于连接接收机主机和电脑，输出主机串口数据。如图 6-37 所示。

图 6-37　差分口通信电缆

5. 外挂电台

由于外挂电台操作和使用相对复杂，现代 RTK 测量系统中更多采用内置电台模式。但在测绘区域地形复杂条件下，外挂电台模式 RTK 测量系统仍是重要的作业选择。外挂电台如图 6-38 所示。

(1) 主机接口：5 针插孔，用于连接 GPS 接收机及电源，如图 6-39 所示。

图 6-38　外观电台　　　　　　　　图 6-39　主机接口

(2) 天线接口：用来连接发射天线，如图 6-40 所示。

(3) 控制面板：控制面板用指示灯显示电台状态，按键操作简单方便，一对一接口能有效防止连接错，如图 6-41 所示。

图6-40 天线接口

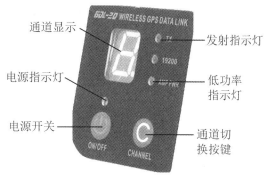
图6-41 面板

各按键功能如下：
① CHANNEL 按键开关。为本机切换通道用开关，按此开关可以切换1～8通道。
② ON/OFF 电源开关键。此键控制本机电源开关。左边红灯指示本机电源状态。
③ AMP PWR 指示灯。表示电台功率高低，灯亮为低功率，灯灭则为高功率。
④ TX 红灯指示。此指示灯每秒闪烁一次表示电台处在发射数据状态，发射间隔为1秒。

（4）高低功率开关：调节电台功率。面板上 AMP PWR 灯指示电台功率高低，灯亮为低功率，灯灭则为高功率。如图6-42所示。

图6-42 高低功率开关

（5）电台发射天线：适合野外使用的 UHF 发射天线，向接收天线发射电台信号，如图6-43所示。

图6-43 电台发射天线

（6）电台 Y 形数据线：呈"Y"形，用来连接基准站主机（五针红色插口）、发射电台（黑色插口）和外挂蓄电池（红黑色夹子），具有供电、数据传输的作用，如图6-44所示。

图 6-44 Y 形电台数据线

6. 其他配件

其他配件包括移动站对中杆、手簿托架、测高片、基座对点器、连接器和卷尺等,如图 6-45 所示。

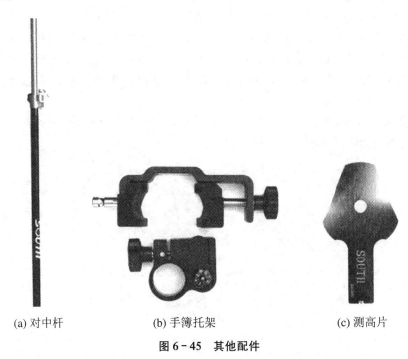

图 6-45 其他配件

6.8 RTK 测量作业

GPS 测量作业是利用 GPS 定位技术确定观测站之间相对位置所采用的作业方式。不同的作业方案所获取的点坐标精度不一样,其作业的方法和观测时间亦有所不同,因此有不同的适用范围。测量接收机作业方案主要分为两种:静态测量和实时动态测量(Real-time Kinematic,简称 RTK)。

1. 静态测量

静态测量是采用三台(或三台以上)北斗接收机,分别安置在测站上进行同步观测,确定测站之间相对位置的北斗定位测量。静态测量适用于以下范围:(1)建立国家大地控制网(二等或二等以下)。(2)建立精密工程控制网,如桥梁测量、隧道测量等;建立各种加密控制网,如城市测量、图根点测量、道路测量和勘界测量等。(3)用于中小城市、城镇以及测图、地籍、土地信息、房产、物探、勘测、建筑施工等 GPS 测量,应满足 D、E 级 GPS 测量的精度要求。

静态测量作业流程如下:(1)测量前期:项目立项→方案设计→施工设计→测量资料收集整理→仪器检验、检定→踏勘、选点、埋石。(2)测量中期:作业队进驻→卫星状态预报→观测计划制定→作业调度及外业观测。(3)测量后期:数据传输、转存、备份→基线解算及质量控制→网平差及质量控制→整理成果,技术总结→项目验收。

2. RTK 测量

RTK 技术是全球卫星导航定位技术与数据通信技术相结合的载波相位实时动态差分定位技术,包括基准站和移动站,基准站将其数据通过电台或者网络传给移动站后,移动站进行差分解算,便能够实时地提供观测点在指定坐标系中的坐标。根据差分信号传播方式的不同,RTK 测量分为电台模式和网络模式两种。

(1) 电台模式

具体操作步骤如下:

1) 架设基准站。

基准站一定要架设在视野比较开阔、周围环境比较空旷、地势比较高的地方。避免架设在高压输变电设备附近、无线电通信设备收发天线旁边、树荫下以及水边,这些都会对 GPS 信号的接收以及无线电信号的发射产生不同程度的影响。具体步骤如下:

① 将接收机设置为基准站内置电台模式。

② 架好三脚架,放电台天线的三脚架最好放到高一些的位置,两个三脚架之间保持至少 3 m 的距离。

③ 用测高片固定好基准站接收机(如果架设在已知点上,需要用基座并做严格的对中整平),打开基准站接收机。

如果基准站为外挂电台模式,还需要增加以下步骤:

④ 安装好电台发射天线,把电台挂在三脚架上,将蓄电池放在电台的下方。

⑤ 用多用途电缆线连接好电台、主机和蓄电池。多用途电缆是一条"Y"形的连接线,用来连接基准站主机(五针红色插口)、发射电台(黑色插口)和外挂蓄电池(红色黑夹子),具有供电、数据传输的作用。

需要注意的是:在使用"Y"形多用途电缆线连接主机时要注意查看五针红色插口上的红色小点,在插入主机的时候,将红色小点对准主机接口处的红色标记即可轻松插入。连接电台一端时,进行相同的操作。

2) 启动基准站。

第一次启动基准站时,需要对启动参数进行设置。设置步骤如下:

① 使用手簿上的工程之星软件连接基准站。

② 配置→主机配置→仪器设置→基准站设置。

③ 对基准站参数进行设置。一般的基准站参数设置只需设置差分格式就可以了,其他使用默认参数。设置完成后点击右边的 ,基准站就设置完成了。

④ 保存好设置参数后,点击"启动基站",如图 6-46 所示。一般来说基站都是任意架设

的,发射坐标不需要自己输入。需要注意的是:第一次启动基站成功后,以后作业如果不改变配置直接打开基准站主机即可自动启动。

⑤ 设置电台通道。在外挂电台的面板上对电台通道进行设置。设置电台通道,共有8个频道可供选择;设置电台频率,作业距离不远、干扰低时,选择低功率发射即可。电台成功发射,其TX指示灯会按发射间隔闪烁。

② 移动站设置:配置→主机配置→仪器设置→移动站设置。主机必须是移动站模式。

③ 通道设置:配置→主机设置→仪器设置→电台通道设置,将电台通道切换为与基准站电台一致的通道号。

3) 架设移动站。

确认基站发射成功后,即可开始移动站的架设。如图6-47所示,步骤如下:

① 将接收机设置为移动站电台模式。

② 打开移动站主机,将其固定在对中杆上面,并安装UHF差分天线。

③ 安装手簿托架和手簿。

图6-46 基站启动界面

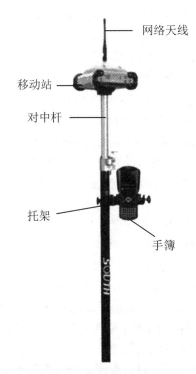

图6-47 移动站架设示意图

4) 设置移动站。

移动站架设好后需要对移动站进行设置才能达到固定解状态。设置步骤如下:

① 将手簿和工程之星软件连接。

② 移动站设置:配置→主机设置→仪器设置→移动站设置。(主机必须是移动站模式。)

③ 通道设置。配置→主机设置→仪器设置→电台通道设置,将电台通道切换为与基准站电台一致的通道号,如图6-48所示。

设置完毕后,移动站达到固定解后,即可在手簿上看到高精度的坐标。

如果需要把基准站的差分信号通过电台中转传输得更远,可在移动站主机网页基本设置里勾选电台中转,即可以设置电台中转。但是不建议在同一片区域中打开两个中转主机,这会对基准站信号产生干扰。

（2）网络模式

RTK 测量网络模式和电台模式的主要区别在于采用了网络方式传输差分数据。具体作业步骤如下:

1) 基准站和移动站的架设。

RTK 网络模式与电台模式只是传输方式不同,其架设方式类似,区别在于:

① 网络模式下基准站设置为基准站网络模式,无需架设电台,只需要安装 GPRS 差分天线。

② 网络模式下移动站设置为移动站网络模式,并安装 GPRS 差分天线。

如图 6-49 所示。

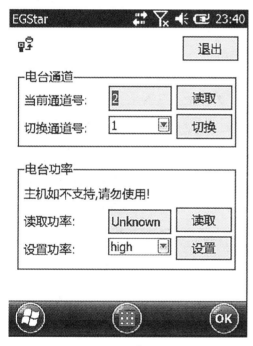

图 6-48 通道设置界面

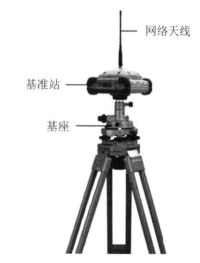

图 6-49 内置 GPRS 或 GPRS/3G 模块的基准站

2) 基准站和移动站的设置。

RTK 网络模式基准站和移动站的设置完全相同,先设置基准站,再设置移动站即可。设置步骤如下:

① 设置:配置→网络设置。

② 此时需要新增加网络链接。点击"增加"进入设置界面,如图 6-50 所示。

需要注意的是:"从模块读取"功能,是用来读取系统保存的上次接收机使用"网络连接"设置的信息,点击读取成功后,会将上次的信息填写到写入栏。如图 6-51 所示为设置成功界面。

3) 依次输入相应的网络配置信息,基准站选择"EAGLE"方式,接入点输入机号或者自定义。

4) 设置完成后,点击"确定",此时进入参数配置阶段。然后再点击"确定",返回网络配置界面。

5) 连接:主机会根据程序一步一步进行拨号连接,并显示连接的进度和当前进行到的步骤的文字说明,如图6-52、图6-53所示。(账号密码错误或是卡欠费等错误都可以在此显示出来。)连接成功后点击"确定",进入工程之星初始界面。

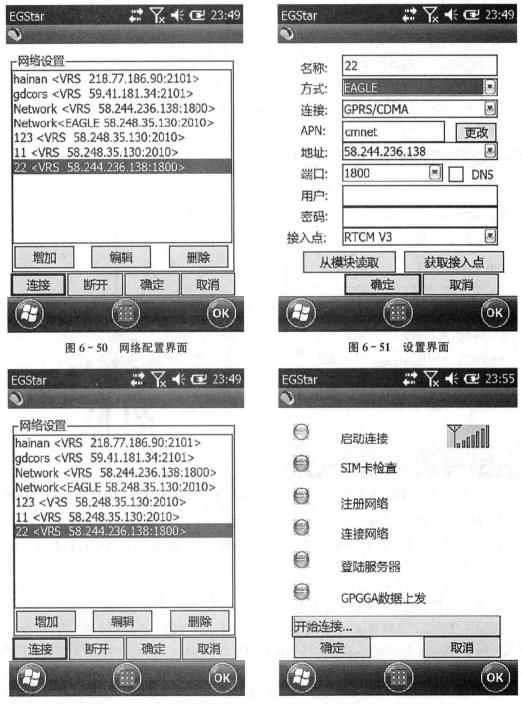

图6-50 网络配置界面　　　　图6-51 设置界面

图6-52 网络配置界面　　　　图6-53 拨号连接界面

需要注意的是：移动站连接连续运行参考站（Continuously Operating Reference Stations,简称CORS）的方法和网络RTK相类似，区别在于方式选择"VRS-NTRIP"。

静态作业、RTK作业都涉及天线高的量取。天线高实际上填写相位中心到地面测量点的垂直距离。动态模式天线高的量取方法有标高、直高和测片高三种量取方式。在实际测量时，推荐使用杆高方式，如图6-54所示。

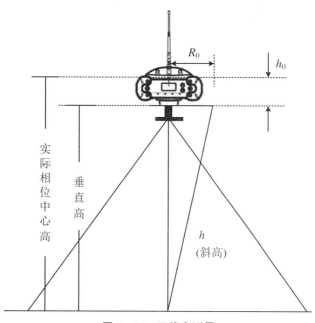

图6-54 天线高测量

标高：对中杆高度，可以从杆上刻度处读取。

直高：天线相位中心到地面点的垂直高度。

测片高：测到测高片上沿，在手簿软件中选择天线高模式为"航片高"后输入数值。

静态的天线高量测：只需从测点量测到主机上的测高片上沿，内业导入数据时在后处理软件中选择相应的天线类型输入即可。

思 考 题

1. 测量工程中有哪些坐标系统？如何分类？
2. 什么是平面定向？标准方向有哪些？
3. 什么是方位角？方位角计算的一般公式是什么？
4. 如图6-55所示，已知α_{BA}和各个连接角β_i，试求解α_{DC}。
5. 什么是全站仪？其功能有哪些？
6. 全站仪测量坐标的基本原理是什么？
7. 正确使用全站仪的操作步骤有哪些？
8. 如何使用全站仪进行坐标测量？

9. 如何检校全站仪中存在的竖盘指标差?

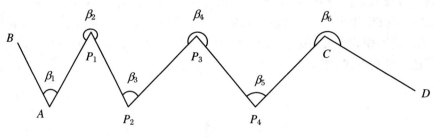

图 6 - 55

第 7 章 控 制 测 量

测量工作必须遵循"从整体到局部,先控制后碎部"的原则,其中的"控制"就是指控制测量。在测量学中,控制测量是按照从高等级到低等级逐级加密,直至最低等级的图根控制测量。控制测量的主要目的是限制各项测量误差的传播和积累,是进行各项测量工作的基础。控制测量包括平面控制测量和高程控制测量。

7.1 平面控制测量

测定控制点的平面坐标称为平面控制测量。根据平面控制区域大小,可分为以下 3 类。

1. 国家平面控制网

在全国范围内建立的平面控制网,称为国家平面控制网。它是全国各种比例尺测图的基本控制,为研究地球的形状和大小,了解地壳水平形变和垂直形变的大小及趋势,预测地震提供形变信息等服务。

国家平面控制网按测角网布设划分为四个等级,各等级的平均边长和精度指标都不一样,如表 7-1 所示。

表 7-1 国家平面控制网分级

等级	平均边长(km)
一	20～25
二	13
三	8
四	2～6

2. 城市平面控制网

在国家等级控制点的基础上,在城市或厂矿等地区,根据测区大小、城市规划或施工测量的要求,布设不同等级的城市平面控制网,以供地形测图和测设建、构筑物时使用。

城市平面控制网的建立可采用 GPS 测量、三角测量、边角组合测量和导线测量方法。其中,城市导线测量的主要技术要求如表 7-2 所示。平面控制测量方法的选择应因地制宜,既要满足当前需要,又要兼顾今后发展,做到技术先进、经济合理、确保质量、长期适用。

表 7-2 城市导线测量的主要技术要求

等级	导线长度(km)	平均边长(km)	测角中误差(″)	测距中误差(mm)	测回数 DJ 1	测回数 DJ 2	测回数 DJ 6	方位角闭合差(″)	导线全长相对闭合差
三等	15	3	1.5	18	8	12	—	$3\sqrt{n}$	≤1/60000
四等	10	1.6	2.5	18	4	6	—	$5\sqrt{n}$	≤1/40000
一级	3.6	0.3	5	15	…	2	4	$10\sqrt{n}$	≤1/14000
二级	2.4	0.2	8	15	…	1	3	$16\sqrt{n}$	≤1/10000
三级	1.5	0.12	12	15	…	1	2	$24\sqrt{n}$	≤1/6000

根据城市或厂矿等地区的规模,均可作为首级网。首级网下用次级网加密时,视条件许可,可以越级布网。直接供地形测图使用的控制点,称为图根控制点。

3. 小区域平面控制网

在小范围内,大地水准面可看作水平面,不需要将测量结果归算到高斯平面上,而是采用直角坐标系,也即为测量学中的控制测量。

7.2 平面控制测量方法

在平面控制点位坐标测量中,常用的有交会法测量、导线网测量等方法。

7.2.1 交会法测量

交会法测量是测定单个地面点平面坐标的一种方法,根据观测值是角度还是边长,交会法测量又分为测角交会、测边交会、边角交会、前方交会、侧方交会和后方交会。

1. 测角交会

测角交会的常见形式如图7-1所示,可以分为前方交会、侧方交会、单三角形和后方交会4种。

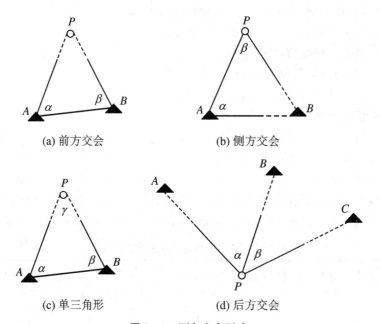

图 7-1 测角交会形式

2. 测边交会

测边交会的形式如图7-2所示。

3. 边角交会

边角交会的形式如图7-3所示。

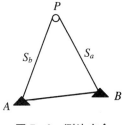
图 7-2 测边交会

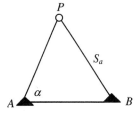
图 7-3 边角交会

4. 前方交会

前方交会是指利用观测角 α 和 β，求出 P 点坐标的测量方法，如图 7-4 所示。

前方交会的计算步骤如下：

(1) 根据 A、B 点的坐标反算 AB 边的坐标方位角 α_{AB} 和边长 S_{AB}。

(2) 计算 AP 边的坐标方位角和边长：

$$\alpha_{AP} = \alpha_{AB} - \alpha \tag{7-1}$$

$$S_{AP} = \frac{\sin \beta}{\sin(\alpha + \beta)} S_{AB} \tag{7-2}$$

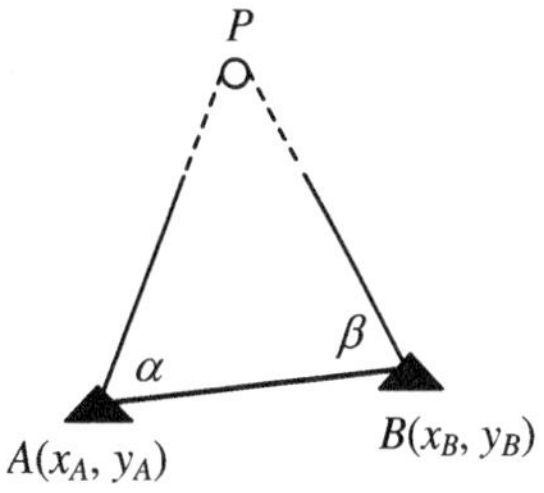

(3) 根据坐标正算公式，计算 P 点坐标的公式如下：

$$\begin{cases} x_P = x_A + S_{AP} \cos \alpha_{AP} \\ y_P = y_A + S_{AP} \sin \alpha_{AP} \end{cases} \tag{7-3}$$

图 7-4 前方交会

(4) 联立式(7-1)、式(7-2)和式(7-3)，可得式(7-4)，称为前方交会余切公式。

$$\begin{cases} x_P = \dfrac{x_A \operatorname{ctan} \beta + x_B \operatorname{ctan} \alpha - y_A + y_B}{\operatorname{ctan} \alpha + \operatorname{ctan} \beta} \\ y_P = \dfrac{y_A \operatorname{ctan} \beta + y_B \operatorname{ctan} \alpha + x_A - x_B}{\operatorname{ctan} \alpha + \operatorname{ctan} \beta} \end{cases} \tag{7-4}$$

在测角交会中，如图 7-5 所示，由未知点即交会点至相邻两已知点间方向的夹角 γ，称为交会角。一般要求交会角大于 30°小于 150°。

为了避免外业观测发生错误，并提高 P 点的精度，在一般测量规范中，都要求布设三个已知点的前方交会，如图 7-6 所示。

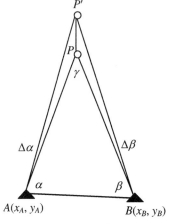
图 7-5 交会角

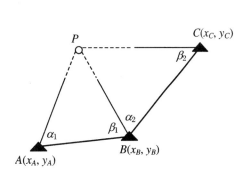
图 7-6 前方交会(3个已知点)

5. 侧方交会

从一个已知坐标点 A 和待求点 P，观测另一已知坐标点 B 的水平角，来推算待求点的坐标，称为侧方交会。侧方交会测量方法需要的条件有：

（1）具有两个已知三角点。
（2）两个已知点和待求点间可以通视。
（3）待求点上可以架设仪器，但其中一已知点不方便架设仪器。
（4）α、β、γ 三内角均必须介于 $30°\sim120°$ 之间。

此时，待求点 P 的计算公式同前方交会：

$$\begin{cases} x_P = \dfrac{x_A \text{ctan}\,\beta + x_B \text{ctan}\,\alpha - y_A + y_B}{\text{ctan}\,\alpha + \text{ctan}\,\beta} \\ y_P = \dfrac{y_A \text{ctan}\,\beta + y_B \text{ctan}\,\alpha + x_A - x_B}{\text{ctan}\,\alpha + \text{ctan}\,\beta} \end{cases} \quad (7\text{-}5)$$

6. 后方交会

后方交会的形式如图 7-7 所示。

根据前方交会公式，可以得到待求点 P 的坐标公式：

$$\begin{cases} x_P = \dfrac{P_A \cdot x_A + P_B \cdot x_B + P_C \cdot x_C}{P_A + P_B + P_C} \\ y_P = \dfrac{P_A \cdot y_A + P_B \cdot y_B + P_C \cdot y_C}{P_A + P_B + P_C} \end{cases} \quad (7\text{-}6)$$

式中，

$$P_A = \dfrac{1}{\text{ctan}\,A - \text{ctan}\,\alpha}$$

$$P_B = \dfrac{1}{\text{ctan}\,B - \text{ctan}\,\beta}$$

$$P_C = \dfrac{1}{\text{ctan}\,C - \text{ctan}\,\gamma}$$

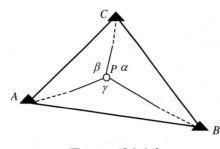

图 7-7 后方交会

这里要注意的是在后方交会中，存在危险圆的问题，如图 7-8 所示。凡位于危险圆上的 P 点，无论采用何种计算公式，均无解。

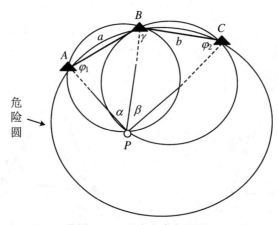

图 7-8 后方交会危险圆

7.2.2 导线网测量

导线网测量的主要目的是确定一系列控制点的平面位置,广泛应用于工程测量、城市测量、地形测图的平面控制等方面。导线测量的外业工作,一般分为以下6个步骤:

(1) 导线的整体布置设计。

根据测区的情况要求,导线可布设成以下三种形式:附合导线、闭合导线、支导线。在导线的基础上,通过联测建立导线网。

(2) 踏勘选点及建立标志。

在踏勘选点之前,应到测绘部门收集测区原有的地形图、高一等级控制点的成果资料,然后在地形图上初步设计导线布设路线,按照设计方案到实地踏勘选点。现场踏勘选点时,应注意以下事项:

① 相邻导线点间应通视良好,以便于角度测量和距离测量。如采用钢尺量距丈量导线边长,则沿线地势应较平坦,没有障碍物。

② 点位应选在土质坚实并便于保存之处。

③ 点位上视野应开阔,便于测绘周围的地物和地貌。

④ 导线边长应按照相关等级的规定,最长不超过平均边长的2倍,相邻边长尽量不使其长短相差太大。

⑤ 导线点应均匀分布在测区,便于控制整个测区。

选定导线点后,在泥土地面上,打一木桩,桩顶钉上一小钉,作为临时性标志;在碎石或沥青路面上,可以用顶上凿有十字纹的大铁钉代替木桩;在混凝土场地或路面上,可以用钢凿凿一十字纹,再涂上红油漆使标志明显。

(3) 控制点标石的埋设。

标石是控制点点位的永久标志。无论是野外观测,还是内业计算成果,均以标石的标志中心为准。如果标石被破坏或发生位移,测量成果就会失去作用,使点报废。因此,中心标石的埋设,一定要十分牢固。

二、三、四等平面控制标志可采用瓷质或金属等材料制作,一、二级小三角点,一级及以下导线点、埋石图根点等平面控制点标志可采用长度为 30~40 cm 的常规钢钉制作,钢钉顶端应锯"+"字形标记,距底端约 5 cm 处应弯钩装。

二、三等平面控制点标石规格及埋设,两层标石中心的最大偏差不应超过 3 mm;四等平面控制点可不埋盘石。具体柱石规格及埋设如图 7-9 所示。

(4) 绘制点之记。

控制点标志埋设结束后,需要绘制点之记。所谓点之记,就是用图示和文字描述控制点位与四周地形和地物之间的相互关系,以及点位所处的地理位置的文件。该文件属上交资料,点之记中包括的主要内容有点名、点号、位置描述、点位略图及说明、断面图等,如表 7-3 所示。

(5) 控制点标志的委托保管。

平面控制点埋石结束后需向当地政府办理测量标志委托保管及批准征用土地文件。测量标志是社会主义经济建设和国防建设的重要设施,必须长期保存,当地各级党、政领导机关应对群众进行宣传教育,认真负责保护测量标志,不得拆除和移动,并严防破坏。埋设标志占用的土地,不得做其他使用。

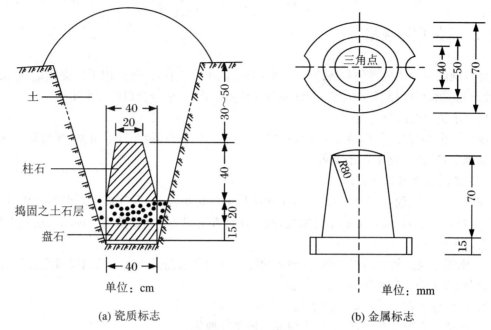

(a) 瓷质标志　　　　　　(b) 金属标志

图 7-9　控制点埋石标志

表 7-3　点之记

日期：　　年　　月　　日

点名及种类	相邻点通视情况	点名:校门口	点号:T-01	平面等级:四;高程等级:三
		T-02　T-01　G-05　T-04　T-08	埋石情况	特征:新点,现场浇灌混凝土。 规格:20 cm×20 cm×50 cm
所在地		宿州学院	土质	水泥
交通路线		安徽省宿州市埇桥区教育园区二徐路		
所在图幅		5	概略位置	X:2854033.7663　Y:513696.3864

略图及说明

办公楼　校门口	1. 点位位于学院大门正前方50米。 2. 距离图中办公楼50米处

施测单位		接收单位	
选点者		记录者	检核者

(6) 上交成果资料。

选点、埋石结束后应上交的资料如下:

① 测量标志委托保管书及批准征用土地文件。

② 控制点点之记、控制网网图。

③ 选点中收集的有关资料。

④ 选点、埋石工作技术总结:扼要说明测区的自然地理情况,选点工作实施情况及对埋石与观测工作的建议;旧标石利用情况,拟设标石类型、数量统计表;扼要说明埋石工作情况,埋石中遇到的特殊问题及对观测工作的建议等。

7.2.3 导线测量内业计算

导线测量的基本量包含边长和导线转折角。对于不同精度的测量要求,导线边长测量可采用以下 3 种模式:

(1) 图根导线边长测量。利用检定过的钢尺或者电磁波测距仪测量。

(2) 钢尺测量。采用双次丈量方法,其较差的相对误差不应大于 1/3000。如钢尺的尺长改正数大于 1/10000,应加尺长改正;如测量时的平均尺温与检校时温度相差 ±10 ℃,应进行温度改正;如钢尺尺面倾斜大于 1.5%,应进行倾斜改正。

(3) 全站仪测量。测量距离和垂直角,并对计算结果加以改正。

导线转折角是指在导线点上由相邻导线边构成的水平角,分为左角和右角,在导线前进方向左侧的水平角称为左角,右侧的水平角称为右角。如果观测没有误差,在同一个导线点测得的左角与右角之和应等于 360°。图根导线的转折角可以用 DJ6 经纬仪测回法观测一测回。

导线测量内业计算的目的是计算各导线点的坐标。计算之前,应全面检查导线测量的外业记录:数据是否齐全,有无遗漏、记错或算错,成果是否符合规范的要求。检查无误后,就可以绘制导线略图,将已知数据和观测成果标注于图上。在内业计算时,包含以下 2 种基本过程:

(1) 坐标正算。

根据已知点的坐标、已知边长和方位角计算未知点的坐标称为坐标正算,计算公式如下:

$$\begin{cases} x_B = x_A + \Delta x_{AB} = x_A + S_{AB}\cos \alpha_{AB} \\ y_B = y_A + \Delta y_{AB} = y_A + S_{AB}\sin \alpha_{AB} \end{cases} \quad (7-7)$$

(2) 坐标反算。

根据两个已知点的坐标反算边长和方位角称为坐标反算,计算公式如下:

$$\begin{cases} \tan \alpha_{AB} = \dfrac{\Delta y_{AB}}{\Delta x_{AB}} \\ S_{AB} = \dfrac{\Delta y_{AB}}{\sin \alpha_{AB}} = \dfrac{\Delta x_{AB}}{\cos \alpha_{AB}} \end{cases} \quad (7-8)$$

不同布设形式的附合导线、闭合导线、支导线,内业计算步骤如下:

(1) 附合导线。

布设在两个已知点之间的导线,称为附合导线。它有 3 个检核条件:一个坐标方位角条件和两个坐标增量条件。

图 7-10 表示具有两个连接角的附合导线,其计算步骤如下:

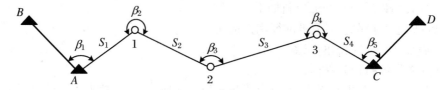

图 7-10　两个连接角的附合导线

① 计算坐标方位角闭合差:

$$f_\beta = \alpha_{AB} + \sum \beta \pm n \cdot 180° - \alpha_{CD} \tag{7-9}$$

② 判断是否在规定的限差内:

$$f_\beta \leqslant f_{\beta容}(\pm 40'' \sqrt{n}) \tag{7-10}$$

③ 计算及检核各转折角的改正数。计算公式如式(7-11),检核公式如式(7-12)。

$$v_\beta = \frac{-f_\beta}{n} \tag{7-11}$$

$$\sum v_\beta = -f_\beta \tag{7-12}$$

④ 计算改正后的各转折角:

$$\beta' = \beta + v_\beta \tag{7-13}$$

⑤ 计算各导线边方位角、纵、横坐标增量:

$$\begin{cases} \Delta x = S\cos\alpha \\ \Delta y = S\sin\alpha \end{cases} \tag{7-14}$$

⑥ 计算纵、横坐标闭合差及导线全长闭合差:

$$\begin{cases} f_x = x_A + \sum \Delta x - x_B \\ f_y = y_A + \sum \Delta y - y_B \end{cases} \Rightarrow f_s = \sqrt{f_x^2 + f_y^2} \tag{7-15}$$

⑦ 计算导线全长相对闭合差并判断是否在限差内:

$$\frac{f_s}{\sum S} = \frac{1}{K} \leqslant \frac{1}{2000} \tag{7-16}$$

⑧ 计算并检核各边的纵、横坐标增量的改正数。计算公式如式(7-17),检核公式如式(7-18)。

$$\begin{cases} v_{\Delta x_i} = \dfrac{-f_x}{\sum S} \cdot S_i \\ v_{\Delta y_i} = \dfrac{-f_y}{\sum S} \cdot S_i \end{cases} \tag{7-17}$$

$$\begin{cases} \sum v_{\Delta x} = -f_x \\ \sum v_{\Delta y} = -f_y \end{cases} \tag{7-18}$$

⑨ 计算各导线点的坐标:

$$\begin{cases} x_j = x_i + \Delta x_{ij} + v_{\Delta x_{ij}} \\ y_j = y_i + \Delta y_{ij} + v_{\Delta y_{ij}} \end{cases} \tag{7-19}$$

只有一个连接角的附合导线有坐标条件和起算方位角,但是没有方位角条件,如图 7-11 所示。

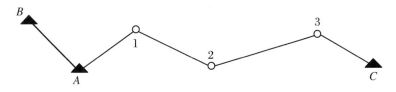

图 7-11　一个连接角的附合导线

当附合导线无连接角时,有坐标条件,但是没有方位角条件,如图 7-12 所示。

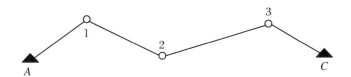

图 7-12　无连接角的附合导线

(2) 闭合导线。

起点和终点重合的导线,称为闭合导线。闭合导线有坐标和方位角条件,坐标方位角条件为多边形内角和条件,如式(7-20)。它有 3 个检核条件:一个多边形内角和条件和两个坐标增量条件,如式(7-21)。具体计算步骤同附合导线一样。

$$f_\beta = \sum \beta - (n-2) \cdot 180° \tag{7-20}$$

$$\begin{cases} f_x = \sum \Delta x \\ f_y = \sum \Delta y \end{cases} \tag{7-21}$$

(3) 支导线。

从一个已知点和已知边开始,延伸出去的导线称为支导线。支导线只有必要的起算数据,但没有检核条件。支导线只限于在图根导线中使用,且支导线的点数一般不应超过 3 个。

7.2.3　导线测量错误检查

如果导线坐标闭合差超限,则表明导线外业观测的边长或者角度值存在错误。当测错一个转折角或者一条边长时,可通过错误检查,准确地定位错误发生的位置。

1. 一个转折角测错的检查方法

附合导线检查方法:分别从导线两端的已知坐标和方位角出发,按照支导线计算各导线点坐标,得到两套坐标,两套坐标值非常接近的导线点的转折角最有可能测错,如图 7-13 所示。

闭合导线检查方法:从同一个已知点和同一条已知坐标方位边出发,分别沿着顺时针和逆时针方向按照支导线方法计算出两套坐标进行比较,两套坐标值非常接近的导线点的转折角最有可能测错。

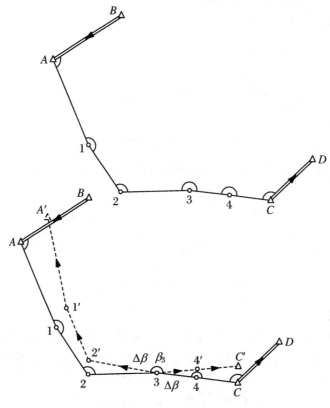

图 7-13 附合导线错误检查

2. 一条边长测错的检查方法

导线测量时,如果 $f_\beta < f_{\beta 允}$,且 $K > K_允$,则表明边长测量中有错误,如图 7-14 所示。

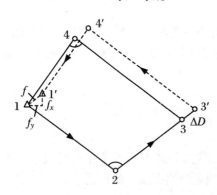

图 7-14 一条边长测错检查

假设导线边 2-3 测错,则表明 ΔD 变大了,因为其他各边和角都没有发生错误。从第 3 点开始以后各点均产生一个平行于 2-3 边的位移量 ΔD。f 的方向与测错边 2-3 的方向平行,边长的测错值为

$$\Delta D = f = \sqrt{f_x^2 + f_y^2} \quad (7-22)$$

同时,测错边方位角的计算公式如下:

$$a_f = \arctan \frac{f_y}{f_x} \quad (7-23)$$

依此可知,与 f 方向平行的边长,最有可能测错。

7.3 高程控制测量

测量控制点的高程值称为高程控制测量。根据高程控制区域大小,可分为以下 3 类。

1. 国家水准网

在全国领土范围内,由一系列按国家统一规范测定出的水准点构成的网称为国家水准网。水准点上设有固定标志,以便长期保存。国家水准网按逐级控制、分级布设的原则分为一、二、三、四等级,其中一、二等水准测量称为精密水准测量。

一等水准是国家高程控制的骨干,沿地质构造稳定和坡度平缓的交通线布满全国,构成网状。一等水准路线全长93000多千米,包括100个闭合环,环的周长为800~1500 km。

二等水准是国家高程控制网的全面基础,一般沿铁路、公路和河流布设。

二等水准环线布设在一等水准环内,每个环的周长为300~700 km,全长137000多千米,包括822个闭合环。

沿一、二等水准路线还要进行重力测量,提供重力改正数据。一、二等水准环线要定期复测,检查水准点的高程变化以供研究地壳垂直运动使用。

三、四等水准直接为测绘地形图和工程建设用。三等环不超过300 km;四等水准一般布设为附合在高等级水准点上的附合路线,其长度不超过80 km。

在我国,无论是高山、平原还是江河湖面的高程都是根据国家水准网统一传算的。

2. 城市高程控制测量

《城市测量规范》将城市水准测量分为二、三、四等,如表7-4所示,其中R为测段的长度,L为附合路线或环线的长度,均以"km"为单位。城市首级高程控制网不应低于三等水准,根据测区需要,各等级高程控制网均可作为首级高程控制,光电测距三角高程测量可代替四等水准测量。

表7-4 城市水准测量主要技术指标

等级	每千米高差中数中误差(mm)	附和路线长度(km)	水准仪的级别	测段往返高差不符值(mm)	附和路线或环线闭合差(mm)
二等	$\leqslant \pm 2$	400	DS1	$\leqslant \pm 4\sqrt{R}$	$\leqslant \pm 4\sqrt{L}$
三等	$\leqslant \pm 6$	45	DS3	$\leqslant \pm 12\sqrt{R}$	$\leqslant \pm 12\sqrt{L}$
四等	$\leqslant \pm 10$	15	DS3	$\leqslant \pm 20\sqrt{R}$	$\leqslant \pm 20\sqrt{L}$
图根	$\leqslant \pm 20$	8	DS10		$\leqslant \pm 40\sqrt{L}$

3. 小区域高程控制测量

小区域高程控制测量,由于其范围较小,常采用的方法有三、四等水准测量方法,图根水准测量和三角高程测量方法以及卫星导航定位方法。

7.4 卫星导航定位控制网

根据我国国家标准 GB/T 18314—2009 全球定位系统测图规范,GPS测量按照精度和用途分为A、B、C、D、E级。

1. A级GPS网

A级GPS网由卫星定位连续运行基准站构成,其精度应不低于表7-5中所列的技术参数。A级GPS网用于建立国家一等大地控制网,进行全球性地球动力学研究、地壳形变测量和精密定轨等测量。

表7-5 A级控制网技术参数

级别	坐标年变化率中误差		相对精度	地心坐标各分量年平均中误差(mm)
	水平分量(mm/a)	垂直分量(mm/a)		
A	2	3	1×10^{-8}	0.5

2. B、C、D、E级GPS网

B级GPS网测量用于建立国家二等大地控制网、建立地方或城市坐标基准框架、区域性的地球动力学研究、地壳形变测量、局部形变监测和各种精密工程测量等。

C级GPS网测量用于建立三等大地控制网、城市及区域工程测量的基本控制网等。

D、E级GPS网测量用于中小城市以及城镇测图、地籍测量、土地确权、房产测绘、建筑施工等。

表7-6 B、C、D、E级技术参数

级别	相邻点基线分量中误差		相邻点间平均距离(km)
	水平分量(mm)	垂直分量(mm)	
B	5	10	50
C	10	20	20
D	20	40	5
E	20	40	3

用于建立国家二、三、四等大地控制网的GPS测量,在满足表7-6规定的技术参数的基础上,对应的相对精度分别应不低于1×10^{-7}、1×10^{-6}和1×10^{-5}。

思 考 题

1. 什么是控制测量?控制测量分为哪几种?各自有什么作用?
2. 我国平面控制测量规范分为几级?各自应用范围多大?
3. 我国平面控制测量中常用的方法有哪些?
4. 什么是导线测量?根据布设形式,导线测量可以分为哪几种?
5. 我国卫星导航定位的基本原理是什么?我国北斗定位系统的特点有哪些?
6. 我国高程控制测量规范规定的等级有哪些?各等级重要指标如何?
7. 我国高程控制测量中常用的方法有哪些?
8. 卫星导航定位测量规范有哪些?各等级重要指标如何?
9. 基于位置服务的导航定位应用领域有哪些?试举例分析。

第 8 章 碎 部 测 量

8.1 碎部测图概述

地形图作为碎部测图的成果,是按照一定的数学法则,运用符号系统表示地表上的地物、地貌的平面位置和基本地理要素,且用等高线表示高程的一种普通地图。一般情况下,需要测绘的对象包括地物和地貌,如图 8-1 所示。

地物是地面各种固定性的物体,可以分为人工地物和自然地物。

$$\begin{cases} 人工地物:铁路、房屋、桥梁、大坝等 \\ 自然地物:江河、湖泊、森林、草地等 \end{cases}$$

地貌是地面各种高低起伏形态,如高山、深谷、陡坎、悬崖峭壁和雨裂冲沟等。

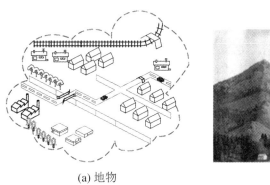

(a) 地物　　　　　　　　　(b) 地貌

图 8-1　测区内地物和地貌

碎部测量是以图根控制点为基础,测定地物和地貌的平面位置和高程,并将其绘制成地形图的测量工作。

为了在图根控制点上测绘地物和地貌,必须确定这些地物和地貌的特征碎部点,例如房屋拐角、道路交叉口、山脊线等。

地物特征点:轮廓点和中心点。

地貌特征点:方向和坡度变化点。

碎部测量的实质为测绘地物和地貌碎部点的平面位置和高程,主要包含以下两方面:

(1) 测定碎部点的平面位置和高程。

(2) 利用地图符号在图上绘制各种地物和地貌。

8.2 碎部测图方法

按照使用仪器的不同,碎部测图的方法可以分为传统测图方法、数字化测图方法和摄影测量方法等。

传统测图方法是指在野外利用测绘仪器测量角度、距离、高差,然后利用分度规、比例尺等工具模拟测量数据,按图示符号展绘到绘图纸上,又称为白纸测图或模拟法测图。

数字化测图方法是利用计算机对采集到的空间数据进行处理,自动生成地形图并存储在计算机上的方法。

摄影测量方法是利用传感器获取空间目标几何信息和物理信息,在计算机中进行各种数值、图形和影像处理,从而获得各种形式的数字化产品,如数字线划地图(Digital Line Graphic,简称 DLG)、数字高程模型(Digital Elevation Model,简称 DEM)、数字栅格地图(Digital Raster Raphic,简称 DRG)、数字正射影像图(Digital Orthophoto Map,简称 DOM)等,称为 4D 产品。

8.2.1 传统测图方法

传统测图方法中,常以平板仪测图为代表。在平板仪测图中,水平角用图解法测定,水平距离用钢尺、皮尺、光电测距或图解法测定,在现场按测量的几何元素作图,平板仪测量又称图解测量。测量时,平板仪可以同时测定地面点的平面位置和高程。平板仪由照准仪、测板、基座和三脚架四个部分组成,如图 8-2 所示。其中,照准仪包含望远镜、垂直度盘、支架和直尺等部件。

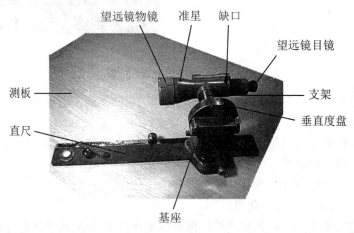

图 8-2 平板仪组成

测板为木质平板,大小为 60 cm×60 cm×3 cm。基座用连接螺旋安装在三脚架上。放松连接螺旋,测板和基座可在三脚架头上做小范围移动。基座上有脚螺旋,可以整平测板;还有制动螺旋和微动螺旋,可以控制测板在水平方向的转动。

望远镜瞄准目标后,利用照准仪和在照准点上竖立的视距标尺,可以测定距离和高差。直尺和望远镜的视准轴在同一竖直面内,直尺在平板上的方向即代表瞄准方向,据此可以在图板上画出方向线。

8.2.2 数字化测图方法

在测量工程中,数字化测图方法是指利用全站仪、GNSS 接收机等电子测量仪器采集空间数据并编码,通过计算机图形处理实现自动绘制地形图。数字化测图的流程如图 8-3 所示。

根据数字化测图流程,实现步骤如下:
(1) 野外采集坐标、绘制草图。
(2) 数据下载到电脑进行数据格式转换。
(3) 将测量数据展绘到成图软件。
(4) 根据野外草图绘制地形图。
(5) 编辑地形图。
(6) 地形图输出,地形图入库。

全站仪法是数字化测图中最为常用的,根据自动化程度,可以分为以下两种:
(1) 全站仪+外业草图,计算机输入、修改、编辑、成图、输出。

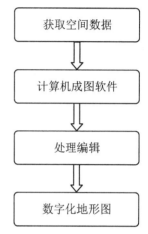

图 8-3 数字化测图流程图

(2) 全站仪、掌上电脑、便携机、智能化的内业和外业软件。

这里需要注意的是工作草图的绘制。工作草图应绘制地物的点号、相关位置、地貌的地性线、丈量距离记录、地理名称和说明注记等。草图可按地物相互关系一块块绘制,也可按测站绘制,地物密集处可绘制局部放大图。草图上点号标注应清楚正确,并和仪器测量的点号一一对应。

8.2.3 卫星导航定位方法

在测量工程中,由于卫星导航定位技术的优越性,已成为小范围内地形图测绘、更新和修补的首要选项。卫星导航定位测图方法与全站仪测图方法基本一样,这里不再详述。

8.2.4 摄影测量方法

相比前两种测图方法,面对快速、实时、大范围测图要求,摄影测量方法更具优势。随着摄影测量理论和技术的不断发展,现已形成空、天、地一体化的测图系统,利用各个摄影平台搭载的传感器,不仅可以获取地物的几何信息,还可以获取地物的物理信息,延伸了现代测量的边界。

根据摄影平台的高低,摄影测量可分成以下几种:
1. 航空摄影测图
航空摄影测图方法步骤如下:

(1) 获取目标区的数字影像。

(2) 进行影像的内定向和外定向。

(3) 构建核线影像。根据投影成像过程中固有的几何关系,将得到的数字影像采样成以核线方向重新排列的影像。

(4) 影像匹配和生成 DEM。

(5) 自动绘制等高线。利用计算机图像跟踪技术,用计算机自动绘制出等高线。

(6) 生成 DOM。利用数字微分纠正方法,可以将原始影像纠正为 DOM。

(7) 生成 4D 产品。根据地物调绘和 DEM,在立体观测的条件下,作业员通过人机交互的方式,实现数字测图,生成测绘 4D 产品。

2. 航天卫星影像制图

此种方法是在遥感影像的基础上,利用影像制图技术编制地图,其方法与航空摄影测图基本一致,这里不再详细论述。

3. 三维激光扫描测图

利用三维激光扫描仪扫描目标地物进而编制出地图。这种测绘的精细化程度高,优势显著,在测绘领域中的应用越来越多。三维激光扫描仪的结构组成如图 8-4 所示。

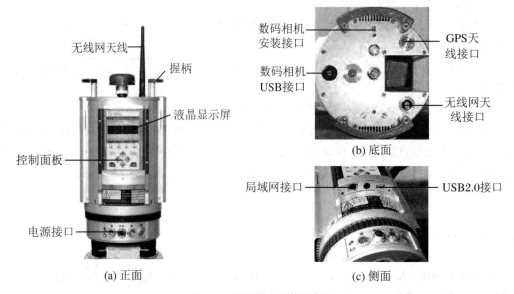

图 8-4 三维激光扫描仪结构

三维激光扫描仪的工作原理是由激光脉冲发射器周期性地驱动激光二极管发射激光脉冲,然后由接收透镜接收目标表面后向反射信号,产生接收信号,并利用稳定的石英时钟对发射与接收时间差做计数,根据激光发射和返回的时间差计算被测点与扫描仪的距离 S,同时根据水平方向和垂直方向的偏转镜同步测量出每个激光脉冲的横向扫描角度观测值 φ 和纵向扫描角度观测值 θ,最后实时计算出被测点 P 的三维坐标 (x,y,z)。如图 8-5 所示。

三维激光扫描仪一般采用仪器内部坐标系统,x 轴在横向扫描面内,y 轴在横向扫描面内与 x 轴垂直,z 轴与横向扫描面垂直,构成右手坐标系。扫描点坐标的计算公式为

$$\begin{cases} x_P = S\cos\varphi\cos\theta \\ y_P = S\sin\varphi\cos\theta \\ z_P = S\sin\theta \end{cases} \quad (8-1)$$

三维激光扫描仪通过传动装置的扫描运动,完成对物体的全方位扫描,然后进行数据整理,并通过一系列处理获取目标表面的点云数据。

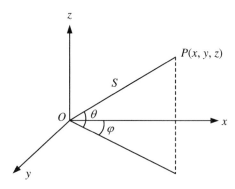

图 8-5 三维激光扫描仪测量原理

8.3 测量碎部点方法

8.3.1 极坐标法

极坐标法是根据测站点上一个已知方向,测量出已知方向与待求点方向间的夹角,然后量测测站点至待求点间的距离,据之确定待求点位置的一种方法。极坐标法适用于通视良好的开阔地区,施测的范围较大。测量地物时,绝大部分特征点的位置是独立测量的,不会产生误差累积效应。

8.3.2 方向交会法

方向交会法同 7.2 节中论述的一致,是分别在两个已知点上对同一个碎部点进行方向交会以确定碎部点位置的方法。方向交会法常用于测绘目标明显、距离较远和易于瞄准的碎部点,如电杆、水塔、烟囱等。方向交会法的优点是可以不测距离而求得碎部点的位置,如果使用得当,可以节省立尺点的数量,提高作业速度。在测量工程中,极坐标法和方向交会法常常配合使用。

8.3.3 高程计算

在测量工程中,如果需要测量碎部点的高程,必须测得测站点至碎部点的竖直角。根据三角高程测量公式(5-16),可得到碎部点的高程计算公式如下:

$$H = H_0 + h + i - v \qquad (8-2)$$

式中，H_0 表示测站点高程；h 表示测站点和碎部点间的高差；i 表示测站点仪器高；v 表示碎部点目标高。

方向交会法无法获取视距，其高差通过量取测站点至碎部点在图上的距离，然后按照测图比例尺化算至地面上，计算公式为

$$h = S\tan\alpha \qquad (8-3)$$

式中，S 表示测站点至碎部点的水平距离；α 表示测站点和碎部点的竖直角。

8.4 地物测绘

8.4.1 地物测绘的一般原则

地物在地形图上的表示原则如下：凡是能够依比例尺表示的地物，则将它们水平投影的几何形状相似地描绘在地形图上，如房屋、足球场等；或者将它们的边界位置表示在图上，边界内再绘上相应的地物符号，如森林、园林等。对于不能依比例尺表示的地物，在地形图上以相应的符号表示在地物的中心位置，例如烟囱、水塔、单线道路、单线河流等。

测绘地物必须根据规定的测图比例尺、测图规范和图式的要求，经过制图综合，将各种地物表示在地图上。国家测绘地理信息局和相关部门制定了各种比例尺的测图规范和图式，如表 8-1 所示。

地物测绘主要是将地物的几何特征点测量出来，例如，地物轮廓的转折角、交叉点、曲线上的弯曲变换点和独立地物的中心点等，利用直线或者曲线连接这些特征点后，便可得到与实地地物相似的几何形状。

表 8-1 常见地物分类表

地物类型	地物类型举例
水系	江河、运河、沟渠、湖泊、池塘、井、泉、堤坝、闸等及其附属建筑物
居民地	城市、集镇、村庄、窑洞、蒙古包以及居民地的附属建筑物
道路网	铁路、公路、乡村路、大车路、小路、桥梁、涵洞以及其他道路附属建筑物
建立地物	三角点等各种测量控制点、亭、塔、碑、牌坊、气象站、独立石等
管线与垣墙	输电线路、通信线路、地面与地下管道、城墙、围墙、栅栏、篱笆等
境界与界碑	国界、省界、县界及其界碑等
土质与植被	森林、果园、菜园、耕地、草地、沙地、石块地、沼泽等

8.4.2 居民地测绘

居民地房屋的排列形式很多，农村多以散列式即不规则的排列房屋为主，城市中的房屋

则较为整齐。测绘房屋时,一般只要测绘房屋的三个房角的位置,即可确定整个房屋的位置。

对于 1:1000 或更大比例尺测图,各类建筑物和构筑物及主要附属设施,应按实地轮廓逐个测绘,其内部的主要街道和较大的空地应加以区分,图上宽度小于 0.5 mm 的次要道路不予测绘,其他比例尺测图可综合取舍。

8.4.3 道路测绘

一般道路可分为铁路、公路和水路等,这里主要介绍铁路和公路的测绘。

1. 铁路

在测绘铁路时,标尺应立于铁轨的中心线上。对于 1:2000 或者更大比例尺地形测图,可测量下列位置,如图 8-6 所示,1 号特征点表示铁路的平面位置,2、3 号特征点用于测绘路堤的路肩位置,4、5 号特征点用于测绘路堤的坡足或边沟的位置。有时,2、3 号特征点上可以不用立尺而是量出铁路中心至它们的距离直接在图上绘出。铁路线上的高程是通过测量铁轨轨面的高度得到的,因此,在测量铁路中心位置后,应将标尺移至轨面上测定高程,但仍是标记在中心位置。

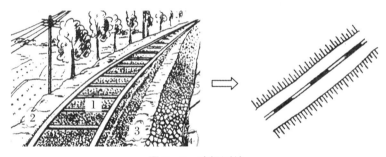

图 8-6　路堤测绘

当测绘路堑时,如图 8-7 所示,与测绘路堤比较,除了 1～5 号点要立尺外,在 6、7 号点即路堑的边缘上也要立尺。

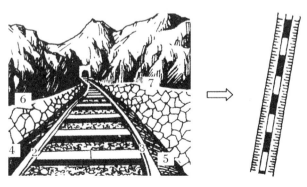

图 8-7　路堑测绘

铁路的直线部分可选择稀疏的立尺点,在曲线及道路岔口部分立尺点可密集一些,这样才能更为准确地表示出铁路的正确位置。同时,铁路两旁的附属建筑物,例如信号灯、扳道房、里程碑等,都要按照实际位置测绘。

2. 公路

在测量公路时,根据具体情况,可选用以下几种方法:(1) 将标尺立于公路路面中心;(2) 将标尺立于道路的一侧;(3) 将标尺交错立于道路两侧,测量路面的宽度。

在公路的转弯或者交叉处,立尺点应密集些,公路两旁的附属建筑物都应按照实际位置测量,公路的路堤和路堑与铁路的测绘方法一致。

当测绘能通过汽车但没有铺设路面的农村道路时,由于宽度不均匀、边界也不明显,可将标尺立于道路中心,以地形图图式规定的符号描绘在图上。

测绘道路时,居民地之间来往的人行小路和田间劳作小路视其重要程度选择是否测绘。如果该小路人迹罕至,则应舍去。如需测绘,应将标尺立于道路中心。小路弯曲较多,标尺点的选择要注意弯曲部分的取舍,既要使标尺点不至于太密集,又要正确表示小路的位置。如果人行小路与田埂重合,应测绘小路不测田埂。有些小路虽不是直接由一个居民地通向另外的居民地,但与大车路、公路或铁路相连接,此时应根据测区道路网的情况进行取舍测绘。

8.4.4 管线测绘

在转折处的支架塔柱和架空管线需要实测,直线部分的管线可用等距长度在图上以图解法测定。当塔柱上有变压器时,变压器的位置按照其与塔柱的相应位置测绘。电线和管道用规定的图式符号表示。

8.4.5 水系测绘

水系包括河流、渠道、湖泊和池塘等地物,通常无特殊要求时均以岸边为界,如果要求测出水涯线(水面与地面的交线)、洪水线(历史最高水位)及平水位(常年一般水位),应按照要求在调查研究的基础上进行测绘。

河流的两岸一般不太规则,在保证精度的前提下,对于小的弯曲和岸边不甚明显的地段可进行适当取舍。对于在图上只能以单线表示的小沟,不必测绘其两岸,只要测绘其中心位置即可。渠道则比较规则,测绘时可以参照公路的测法。田间临时性的小渠不必测绘,以免影响测图精度。

湖泊的边界经过人工整理、筑堤、修有建筑物的地段是明显的,但在自然耕地的地段大多不太明显,测绘时要根据具体情况和用图单位的要求来确定以湖岸或者水涯线为准。在不太明显的地段确定湖岸线时,可采用调查平水位的边界或者根据农作物的种植位置等方法来确定。

8.4.6 植被测绘

植被测绘是为了反映路面的植物情况,所以要测出各类植物的边界,用地类界符号表示其范围,再加注植物符号和说明。如果地类界与道路、河流和栏栅等重合,则可以不测绘地类界,但是与境界、高压线等重合时,地类界应移位绘出。

在测绘地物的过程中,有时会发现图上绘出的地物与地面情况不符,例如本应为直角的房屋,但图上不成直角;在一直线上的电杆,但图上不在一直线上等。在外业中要很好地检查产生这种现象的原因。如果属于观测错误,则必须立即重测。如果不是观测错误,则可能是由于各种误差的积累所引起的,或在两个观测站观测同一个地物的不同部位所引起的。当这些不符的现象在图上小于规范规定的地物误差时,可以采用分配的方法予以消除,使地物的形状与地面相似。

8.5 地貌在地形图上的表示

地形图上所表示的内容除了地物,另一部分就是地貌。地貌是指地球表面高低起伏、凸凹不平的自然状态。地面表面的形态,主要是由地球本身内部的运动形成的,因此,地球表面的自然形态多数有一定的规律性,认识了这种规律性,采用相应的符号,即可表示在地图上。

8.5.1 地貌的基本形状和名称

一般情况下,地貌可分为 5 种基本形状。

1. 山

较四周显著凸起的高地称为山,大的叫作山岳,小的叫作山丘(山顶与山脚的高差小于 200 m)。山的最高点叫作山顶,尖的山顶叫作山峰。山的侧面叫作山坡,山坡的倾斜度在 20°～45°之间的叫作陡坡,几乎成竖直状态的叫峭壁,下部凹入的峭壁叫作悬崖,山坡与平地相交处,叫作山脚。如图 8-8 所示。

图 8-8 地貌图

2. 山脊

山的凸棱由山顶延伸至山脚叫作山脊,山脊最高的棱线称为山脊线,也称为分水线。

3. 山谷

两山脊之间的凹部称为山谷,两侧称为谷坡。两谷坡相交部分叫作谷底。谷底最低点连线称为山谷线,也称为合水线。谷地与平地相交处称为谷口。

4. 鞍部

两个山顶之间的低洼山脊处,形状像马鞍形,称为鞍部。

5. 盆地

四周高中间低的地形叫作盆地,最低处称为盆底。有的盆底没有泄水道,水都停滞在盆地中最低处,湖泊实际上是汇集有水的盆地。

地球表面的形状虽然千差万别,但都可以看作是一个不规则的曲面。这些曲面由不同方向和不同倾斜的平面所组成,两相邻倾斜面相交线处即为棱线,山脊和山谷都是棱线,也称为地貌特征线,如果测量出这些棱线端点的高程和平面位置,则棱线的方向和坡度即可确定。

在地面坡度变化的地方,比较显著的有山顶点、谷口点、山脚点、鞍部最低点、坡度变换点和盆地中心最低点等,这些都称为地貌特征点。地貌的特征点和特征线构成地面的骨架。在地面测绘中,立尺点应该选择在这些特征点上。

8.5.2 用等高线表示地貌的方法

在地形图上,显示地貌的方法有很多,常用的是等高线法。等高线能够真实反映出地貌状态和地面的高低起伏,且能够依据等高线测量出地面点的高程值。

1. 高等线

在图 8-9 中,用一系列水平面截一高地,在各平面上均得到相应的截线,称为等高线。将这些截线沿着铅垂方向投影到水准面上,按照一定的比例尺缩小后便得到了地形图上的表示该高地的一圈又一圈的闭合曲线,即地形图上的等高线。所以等高线就是地面上高程相等的相邻各点连接而成的闭合曲线,也就是水平面与地面相交的曲线。

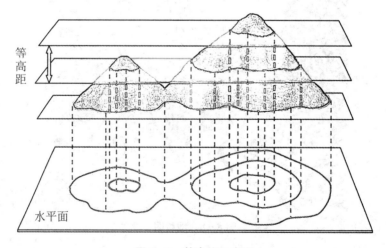

图 8-9 等高线示意图

可见,等高线是一组高度不等的空间平面曲线,地形图上表示的仅是它们在大地水准面上的投影。在没有特别说明的情况下,均称地形图上的等高线为等高线。

2. 等高距和示坡线

根据水平面高度的不同,等高线表示地面的高程也不同。地形图上相邻两高程不同的等高线之间的高差称为等高距。等高距越小,则图上等高线越密集,地面表示就越详细、准确;等高距越大,则图上等高线越稀疏,地貌表示就越概略。但是不能由此认为等高距越小越好。等高距越小,等高线越密集,不仅会影响地形图图面的清晰度,而且使用也不方便,还会增加野外测绘的工作量。等高距的选择应根据地形高低起伏程度、测图比例尺的大小和使用地形图的目的等因素综合决定。

这里需要注意的是在同一幅地形图上,一般不能有两种不同的等高距。

用等高线表示地形时,将会发现盆地的等高线和山头的等高线在外形上非常相似,如图 8-10 所示,(a)表示盆地地貌的等高线,(b)表示山头地貌的等高线,它们之间的区别在于:山头地貌是里面的等高线高程值大,盆地地貌是里面的等高线高程值小。为了区别这两种地形,在某些等高线的斜坡下降方向绘一短线来示坡,把这种短线叫作示坡线。示坡线一般选择在最高、最低两条等高线上,能够明显地表示出坡度方向即可。

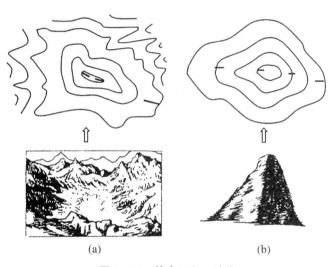

图 8-10 等高距和示坡线

3. 等高线的分类

为了更好地表示地貌的特征,便于识图用图,地形图上主要采用以下三种等高线。如图 8-11 所示。

图 8-11 等高线分类

(1) 首曲线。按照基本等高距测绘的等高线。

(2) 计曲线。每隔四条首曲线加粗描绘的一条等高线,并注记该等高线的高程值。其目的是为了方便计算等高线。

(3) 间曲线。按照1/2基本等高距内插描绘的等高线,以便显示首曲线不能显示的地貌特征。在平坦地区当首曲线间距过稀时,可加绘间曲线。间曲线可不闭合,但要求对称。

4. 等高线的特性

特性1:在同一条等高线上各点的高程相等。

由于等高线是水平面与地表面的交线,而在一个水平面上高程是一样的,所以等高线的这个特性是很明显的。但是不能得出结论:凡是高程相等的点一定在同一条等高线上。当水平面和两个山头相交时,会得出同样高程的两条等高线,如图8-12所示。

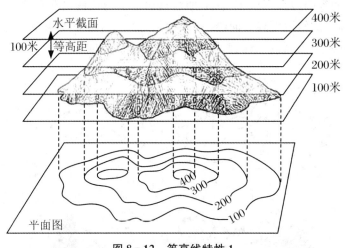

图 8-12 等高线特性1

特性2:等高线是闭合曲线。

一个无限延伸的水平面和地表面相交,构成的交线是一个闭合曲线。由于测绘地形图的范围是有限的,所以等高线若不在同一幅图内闭合,也会跨越一个或者多个图幅闭合。按照这个特性,可知等高线不能在图中断开。在具体绘图时,等高线除遇到房屋、道路、某些工业设施和数字注记等为了使图面清晰需要中间断开之外,其他地方不能中断。只有间曲线可以在不需要表示的地方中断,因为它是辅助首曲线表示地貌的,只在局部地区使用。

特性3:不同高程的等高线理论上不能相交。

因为不同高程的水平面是不会相交的,所以它们和地表面的交线也不会相交。但是一些特殊地貌,如陡壁、陡坎的等高线则会重叠在一起,此时陡崖的等高线可以相交,如图8-13所示。

特性4:等高线与山脊线、山谷线正交。

如图8-14所示,过山脊线任意一点 A,P 为水平面,H 为包含山脊线的竖直面,R 为与 H 垂直的竖直面,以 P、H、R 三平面的交线作为一空间直角坐标系。

这里将微小的山脊线作为直线处理。由山脊线的性质可知,等高线 aAa' 上的 x 坐标以 A 点为最大,而断面线 bAb' 上的 h 坐标亦以 A 点为最大。由此可知,y 坐标轴是等高线 aAa' 和断面线 bAb' 的切线。由于平面 H 垂直面 P,所以山脊线在 P 平面上的投影必定在 A 点与此切线垂直。或者说,山脊线在 A 点与等高线垂直。同理,可推论出山脊线在水平面上的投影处处与等高线垂直。

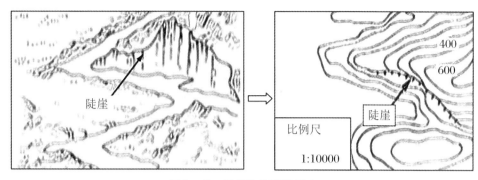

图 8-13 陡崖和等高线相交

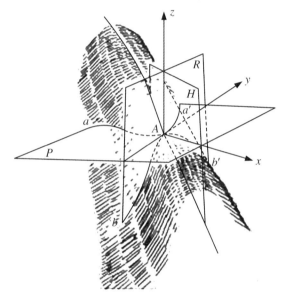

图 8-14 山脊线特征

特性5：两条等高线间的垂直距离为平距，等高线间平距的大小与地面坡度大小成反比。

在同一等高距下，地面坡度越小，则等高线在图上的平距越大；反之，地面坡度越大，则等高线在图上的平距越小。或者说，坡度陡的地方，等高线密集；坡度缓的地方，等高线稀疏。

等高线的这些特性是相互联系的，其中最基础的是特性1，其他特性都可以由特性1推论得出。在碎部测图中，利用好这些特性，才能用等高线较为逼真地表示出地貌的真实形状。

8.6 地 貌 测 绘

测绘等高线与测绘地物一样，首先是确定地貌特征点，然后连接地性线，便可得到地貌的基本轮廓,按照等高线的性质,对照实地情况就能描绘出等高线。

8.6.1 测绘地貌特征点

地貌特征点是指山顶点、鞍部点、山脊线和山谷线的坡度变换点、山坡上的坡度变换点、山脚与平地相交点等。归纳起来就是各类地貌的坡度变换点即为地貌特征点。对这些特征点,采用极坐标法或者交会法测定其在图纸上的平面位置,并注记高程。

8.6.2 连接地性线

测量出地貌特征点后,不能马上描绘等高线,必须先连接地性线。通常用实线连成山脊线,用虚线连成山谷线,如图 8-15 所示。

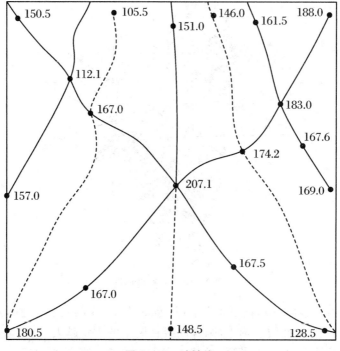

图 8-15 地性线

地性线的连接情况与实地是否相符,直接影响到描绘的等高线的逼真程度。地性线应该随着碎部点的陆续测量完成后再去连接,以免发生错连,导致等高线不能如实反映地貌的真实形态。

8.6.3 绘制等高线

在工程设计和分析过程中,经常需要绘制等值线图,以便了解某事物在三维空间中的分布情况。绘制等值线图的方法很多,常用的方法有方格网法和不规则三角网法。

1. 方格网法

方格网法是建立长方形或者正方形规则排列的小格网,每个格网的高程以不规则分布的地形点为依据,按照距离加权平均或者最小二乘曲面拟合方法解得,再利用格网点的高程,内插绘制等高线。

目前方格网法绘制等值线图的程序大部分只适用于规则边界格网,即每个格网节点上都有数据,绘制的方法如下:对于开曲线,凡格网边界的四边搜索起点,然后追踪到边界;对于闭曲线,以格网内部搜索起点,然后追踪回到起点。在测量工程中,有些格网的边界是不规则的,如图 8-16 所示,图中带圆圈的节点上有数据,其他节点上不用上面的方法是绘制不出来的。

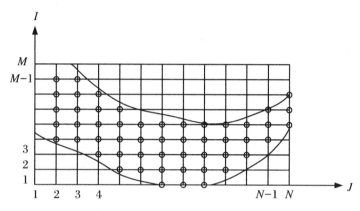

○—有数据节点

图 8-16 规则格网示意图

2. 不规则三角网法

不规则三角网法(Triangulation Irregular Net,简称 TIN)是直接由不规则分布的地形点连成不规则三角形网,再在三角形边上以内插法求得等高线通过的点,称为等值点,通过等高值的追踪、连线、光滑,绘制成等高线。

与方格网法相比,TIN 方法在一定分辨下能利用较少的空间和时间更准确地拟合复杂的地球表面。特别是当包含有大量的地形特征线时,TIN 方法能够更好地顾及这些特征点,从而更准确地表达地表形态。

首先,将临近的三个离散点连接成初始三角形,再以这个三角形的每条边向外扩展,寻找新的临近的离散点构成新的三角形。如此循环,直到所有的三角形的边都无法再向外扩展成新的三角形,而所有的离散点也都包含在三角形的顶点中为止。

构造 TIN 模型时,由于对邻近离散点的判断准则不同,就产生了生成 TIN 模型的不同算法。常用的算法有狄洛尼三角形法、最大角法等,图 8-17 为

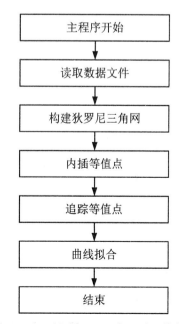

图 8-17 采用狄罗尼三角形绘制等高线

采用狄罗尼三角形绘制等高线的流程。

采用狄罗尼三角形绘制等高线的步骤如下：

(1) 构建狄罗尼三角网。

狄洛尼三角形法中将离散分布的地形点称为"参考点"。构建狄罗尼三角形时规定：每个由三个参考点组成的外接圆内都不包含其他参考点。这里，假设有参考点 P_i（$i=1,2,\cdots,n$），从 P_i 中取出一个点作为起始点，例如 P_1，并找出 P_1 附近的一个参考点 P_2，两点的连线作为基本边，对应公式为

$$y = \frac{y_2 - y_1}{x_2 - x_1}x + \frac{y_1(x_2 - x_1) + x_1(y_1 - y_2)}{x_2 - x_1} \tag{8-4}$$

然后在附近找第三点。在寻找第三点的过程中，要逐点比较，一般取第三点到前两点的"距离平方和"的参考点作为候选点。以这三点作一外接圆，计算其外接圆圆心坐标，即先求出三角形两条边的中垂线方程，如 P_1P_2 的中垂线计算公式为

$$y = \frac{x_1 - x_2}{y_2 - y_1}x + \frac{y_2^2 - y_1^2 + x_2^2 - x_1^2}{2(y_2 - y_1)} \tag{8-5}$$

假设 P_1 附近的另一参考点为 P_3，则 P_1P_3 的中垂线计算公式为

$$y = \frac{x_1 - x_3}{y_3 - y_1}x + \frac{y_3^2 - y_1^2 + x_3^2 - x_1^2}{2(y_3 - y_1)} \tag{8-6}$$

将式(8-4)和式(8-5)联立求解，得到两条中垂线的交点的坐标，即为 P_1、P_2、P_3 外接圆圆心的坐标 (m,n)，计算公式如下：

$$\begin{cases} m = \dfrac{(b-c)y_1 + (c-a)y_2 + (a-b)y_3}{2g} \\ n = \dfrac{(c-b)x_1 + (a-c)x_2 + (b-a)x_3}{2g} \end{cases} \tag{8-7}$$

式中，

$$a = x_1^2 + y_1^2$$
$$b = x_2^2 + y_2^2$$
$$c = x_3^2 + y_3^2$$
$$g = (y_3 - y_2)x_1 + (y_1 - y_3)x_2 + (y_2 - y_1)x_3$$

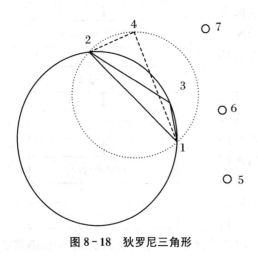

图 8-18 狄罗尼三角形

然后判断周围是否有落入该外接圆的点，如图 8-18 所示。如果有，则该三角形不是狄罗尼三角形，如△123，再用周围其他点作为候选点，重新作外接圆，重新判断周围是否有点落入该外接圆。直到找到没有其他参考点落入外接圆为止，则该三角形就是狄罗尼三角形，如△124。

分别以该三角形的一边作为基边，用同样的方法寻找其他三角形。直到所有参考点都参与构建狄罗尼三角形为止。三角网形成后，就可将三角网信息写入数据文件中。

(2) 内插生成等高线。

① 等值点内插。

在相邻参考点之间,等高线通过的点称为"高程等值点",简称等值点。等值点内插就是根据若干相邻参考点的三维坐标,求出等值点的平面坐标,在数学上属于插值问题。任意一种数学插值方法都是基于函数的连续性,对于等值点内插,也是基于地形起伏的一致性,或者说邻近的地形点之间有很大的相关性,才可能根据邻近的地形点正确内插出待定的等值点。

建立狄罗尼三角网后,可得到三角网中每个三角形的三个顶点为一组的高程信息。为了绘制等高线,还必须内插出位于各参考点的平面位置。显然,等值点的内插必须是在三角形的各边上进行的。因此,必须讨论三角形的各边上是否有等值点,可以分成以下几种情况:三角形的三个顶点高程相等时的条件;三角形的三个顶点高程不等时,各边需要满足的条件;三角形的三个顶点高程不等,而其中有一点的高程等于等值点高程时,各边需要满足的条件;三角形有两个顶点高程相等时,各边需要满足的条件。

在确定三角形边上存在的等值点后,用内插方法求出等值点的平面坐标。对于某一等高线,最多通过三角形的两条边,在这两条边上的等值点 B_1、B_2 的坐标(x_{b_1},y_{b_1})、(x_{b_2},y_{b_2})的计算公式如下:

$$\begin{cases} x_{b1} = x_1 + \dfrac{x_2 - x_1}{z_2 - z_1}(z - z_1) \\ y_{b1} = y_1 + \dfrac{y_2 - y_1}{z_2 - z_1}(z - z_1) \\ x_{b1} = x_2 + \dfrac{x_3 - x_2}{z_3 - z_2}(z - z_2) \\ x_{b1} = y_2 + \dfrac{y_3 - y_2}{z_3 - z_2}(z - z_2) \end{cases} \quad (8-8)$$

式中,x_1,y_1,z_1,x_2,y_2,z_2,x_3,y_3,z_3 分别表示三角形三个顶点的三维坐标,z 表示等高线的高程值。

② 等值点追踪。

相邻三角形公共边上的等值点,既是第一个三角形的出口点,又是相邻三角形的入口点,可根据这一原理来实现等值点追踪。对于给定高程的等高线,从构网的第一条边开始顺序搜索,判断构网边上是否有等值点。当找到一条边后,则将该边作为起始边,通过三角形追踪下一条边,依次向下追踪。如果追踪又返回到第一个点,即为闭曲线,如图 8-19 中所示的 1-2-3-4-5-6-1。如果找不到入口点,如图中的 7-8-9-10-11,则将已追踪的点逆序排列,再由原来的起始边向另外一个方向追踪,直至终点,如图中的 12-13-14。二者合成为 11-10-9-8-7-12-13-14,即成为一条完整的开曲线。当某一数值等高线全部追踪后,再调用曲线光滑程序,把离散等值点连接成光滑曲线。需要注意的是,对于某一高程值的等高线,可能有多条分支,此时,应先绘出所有开口等高线,在不出现记录开口等高线线头的情况下,转入绘制闭合等值线。闭合等高线的线头可以从任一三角形的等值点开始,并按照上述方法追踪和光滑连接。绘制完成某一数值等高线后,再进行下一等高线的绘制,直到完成全部等高线的绘制为止。

③ 曲线光滑。

由离散点绘制光滑曲线的方法很多,且各具特点,这里介绍几种常用的方法。

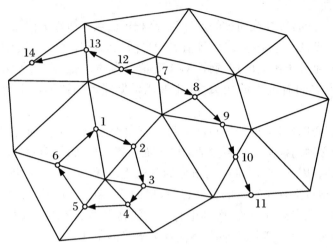

图 8-19 等值点追踪

(a) 样条插值法。

在线性条件下,按照分段拼接起来的多项式组成的函数,称为样条插值函数。按照采用的多项式的次数,又可以分为一次、二次、三次和高次。这里以图 8-20 中的 7 个样点为例。

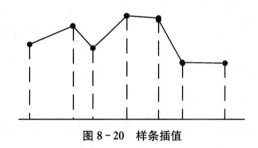

图 8-20 样条插值

将各点连接起来后,可用式(8-9)表示:

$$s(x) = \begin{cases} s_1(x), & x \in [x_1, x_2] \\ s_2(x), & x \in [x_2, x_3] \\ \cdots \\ s_{n-1}(x), & x \in [x_{n-1}, x_n] \end{cases}$$

(8-9)

这里,$s_i(x) = a_i x + b$。

由于每个折点都是已知的,因此分段函数中的每一段都容易计算。

一次样条插值模型相对较为简单,只需要将各个孤立的点连接起来即可,但插值的效果不好,存在明显的不光滑现象。为了改进一次样条插值的缺点,在使用多项式时,使用高次的插值效果较好。

假设有一组由 i 个二维数据 (x_i, y_i) 组成的数据表,可用式(8-9)表示,这里,$s_i(x) = a_i x^3 + b_i x^2 + c_i x + d_i$,根据三次样条插值的特点,可进行相应的求导处理。求导后连续性计算公式如下:

$$\lim_{x \to t_i^-} s^{(k)}(x) = \lim_{x \to t_i^+} s^{(k)}(x)$$

(8-10)

式中,k 表示需要迭代处理的次数。式(8-10)是一个病态方程,需要增加限定条件,才能解算插值系数。利用限定条件公式(8-11)式,可以解算出插值系数。

$$s^n(t_1) = s^n(t_n) = 0$$

(8-11)

通过插值结果对比可以发现,次数越高,插值后的光滑效果越好。

(b) 最小二乘法。

假设有 n 个点,如图 8-21 所示,可用式(8-12)表示。

$$y = ax + b \qquad (8-12)$$

问题是如何确定方程中的系数,使得直线能最靠近给出的 n 个数据项。为了更加可靠和准确,还需要将 (x_k, y_k) 拟合到直线上来,则有

$$ax_k + b - y_k = 0 \qquad (8-13)$$

如果不能满足式(8-13),那么就会存在一个误差:

$$|ax_k + b - y_k| \qquad (8-14)$$

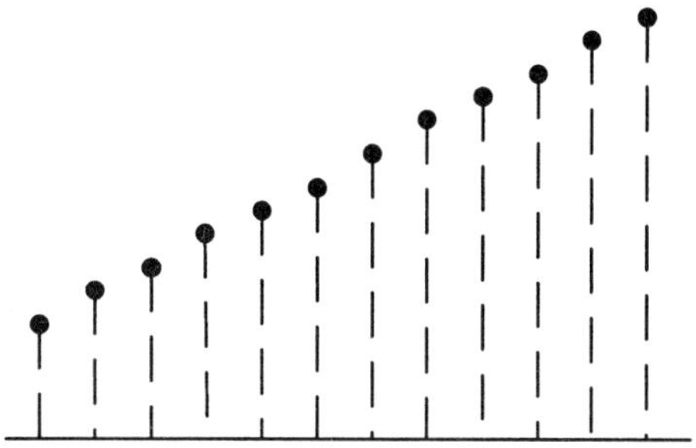

图 8-21 样本数据

总误差为

$$\sum_{k=1}^{n} |ax_k + b - y_k| \qquad (8-15)$$

通过对式(8-15)求导,可以得出未知系数 a、b。

为了提高模型的精准性和有效性,改进公式如下:

$$f(a,b) = \sum_{k=1}^{n} |ax_k + b - y_k| \qquad (8-16)$$

根据正态分布规律,对式(8-16)进行求导,则有

$$\frac{\partial f}{\partial a} = 0, \quad \frac{\partial f}{\partial b} = 0 \qquad (8-17)$$

经过线性化处理后,有

$$\begin{cases} \sum_{k=1}^{n} 2(a_x k + b - y_k)x_k = 0 \\ \sum_{k=1}^{n} 2(a_x k + b - y_k) = 0 \end{cases} \qquad (8-18)$$

$$\begin{cases} (\sum_{k=1}^{n} x_k^2)a + (\sum_{k=1}^{n} x_k^2)b = (\sum_{k=1}^{n} x_k y_k) \\ (\sum_{k=1}^{n} x_k)a + nb = ((\sum_{k=1}^{n} y_k)) \end{cases} \qquad (8-19)$$

根据样本数据 x_k、y_k,可很容易求得 a、b 的值,即可得到函数模型。

同理,可以推广到求解多个未知系数,例如 $a\ln x + b\cos x + ce^x$ 在最小二乘约束下,拟合公式如下:

$$\begin{cases} a\sum_{k=1}^{n}(\ln x_k)^2 + b\sum_{k=1}^{n}(\ln x_k)(\cos x_k) + c\sum_{k=1}^{n}(\ln x_k)e^{x_k} = \sum_{k=1}^{n} y_k \ln x_k \\ a\sum_{k=1}^{n}(\ln x_k)(\cos x_k) + b\sum_{k=1}^{n}(\cos x_k)^2 + c\sum_{k=1}^{n}(\ln x_k)e^{x_k} = \sum_{k=1}^{n} y_k \cos x_k \\ a\sum_{k=1}^{n}(\ln x_k)e^{x_k} + b\sum_{k=1}^{n}(\cos x_k)e^{x_k} + c\sum_{k=1}^{n}(e^{x_k})^2 = \sum_{k=1}^{n} y_k e^{x_k} \end{cases} \qquad (8-20)$$

通过式(8-20)可以解算出模型函数。

要想获取精确和有效的拟合结果,关键在于拟合公式的选择是否合适。

8.7 地形图修测

8.7.1 地形图修测的目的和要求

为了不断地提供满足现实性需求的图纸,对已有图纸必须进行经常性修测和修绘,以满足工程建设和科学研究等各种用途的需要。修图时,应对原图的轮廓线和方格网进行检查,其误差在 0.3 mm 范围内可视为合格,有部分超出时,应注意加以适当的配赋。根据经验,对修测的地物点平面中误差可在原来中误差的基础上增加 $\sqrt{2}$ 倍,高程中误差仍按照有关规范。经过修测的地形图,新旧内容的衔接要合理,凡是经过修测和修绘的内容一律用新图式表示,以便地形图逐步更新和统一。

位于每幅图中的小三角点、各级导线点、四等水准点和更高级的控制点,在修测过程中均应查明落实,必要时应加以维护,或者重新布设,以维持控制网的完整性。这些控制点均可作为地形图修测的依据。

8.7.2 地形图修测的内容

地形图修测的主要内容包括以下几个方面:
(1) 从老图上去掉现在实地已经改变了的,或者地面上已经不存在的各种地物符号,如改建的房屋、道路等。
(2) 在老图上用相应的符号,描绘出地面上新增的地物,如新建的工厂、发电站、道路、水渠和高压电线等。
(3) 位置未改变但实质已经改变的地物,用新符号描绘在地形图上,如老图上的草地已经变成幼树林,老图上的土路已经改成公路,人行桥改为了车行桥等。
(4) 检查和改正所有的说明注记以及地物名称,如土路改成了公路,则应加注铺面材料以及路面和路基的宽度。
(5) 地貌改变较大的地方,老图上的地貌部分也应进行修测。

8.7.3 地形图修测方法

对地形图进行修测,首先要对控制点和拟作测站点的地物点做实地检核,以免因测站点不可靠导致新修测内容的精度达不到规定要求。原有的导线点、图根点以及能在实地准确判定位置的墙角、电杆等均可作为测站点,在特别困难的情况下,还可以用极坐标法或者交会法来测量新的测站点,必要时也可采用导线测量来补测一定数量的图根控制点。

地形图修测的方法主要有:
(1) 用全站仪进行修测。
(2) 用卫星导航定位进行修测。

（3）利用卫星相片或者航空相片进行修测更新。需要注意的是，航摄相片的比例尺应根据修测地图的比例尺进行确定，最好是实时影像，不能用时间分辨率低的相片进行地形图修测。

（4）利用三维激光技术进行修测。

思 考 题

1. 什么是地物？什么是地貌？什么是地形？
2. 我国地形测绘常见的有哪些种类？
3. 测绘地貌时，用什么表示其高低起伏的状态？
4. 测量工程中，测定碎部点的方法有哪些？
5. 高程点内插数学模型有哪些？各自有什么优缺点？
6. 什么是首曲线？什么是间曲线？两种曲线之间关系如何？
7. 什么是 TIN 模型？如何构建？
8. 常见的地貌特征点、特征线有哪些？
9. 地形图修测的方法有哪些？

第 9 章 测量误差基本知识

9.1 测量误差

9.1.1 基本测量误差

在测量时,理论值与观测值之间的差值叫测量误差。

在距离测量中,理论值 $D_{往} = D_{返}$,但观测值 $D_{往} \neq D_{返}$。

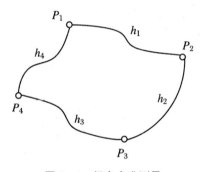

图 9-1 闭合水准测量

在角度测量中,以三角形为例,理论值 $\angle A + \angle B + \angle C = 180°$,但观测值 $\angle A + \angle B + \angle C \neq 180°$。

在高差测量中,以闭合水准测量为例,如图 9-1 所示,理论值 $h_1 + h_2 + h_3 + h_4 = 0$,但观测值 $h_1 + h_2 + h_3 + h_4 \neq 0$。

在测量过程中,造成理论值和观测值不一致的因素有 3 个方面:(1) 测量仪器;(2) 测量人员;(3) 外界条件。将这三个因素综合起来,就叫作观测条件。观测条件相同的各次观测称为等精度观测;观测条件不相同的各次观测称为不等精度观测。

9.1.2 测量误差分类

从误差的性质和特点上,测量误差可分为系统误差、偶然误差和粗差 3 大类。

1. 系统误差

在相同观测条件下,对某一观测量进行多次观测,若各观测误差在大小、符号上表现出系统性,或具有一定的规律性,或为一常数,这种误差就称为系统误差。在相同的观测条件下,无论在个体上还是群体上,系统误差呈现出以下特性:

(1) 误差的绝对值为一常量,或按一定的规律变化。
(2) 误差的正负号保持不变,或按一定的规律变化。
(3) 误差的绝对值随着单一观测值的倍数而积累。

系统误差具有累积性,对测量成果影响较大,在误差处理时,要加以消除或者削弱。

2. 偶然误差

在相同观测条件下,对同一观测量进行多次观测,若各观测误差在大小和符号上表现出偶然性,即对单个误差而言,该误差的大小和符号没有规律性,而对大量的误差而言,具有一定的统计规律,这种误差就称为偶然误差。

通过对大量的实验数据进行统计分析,特别是当观测次数足够多时,可以得出偶然误差具有以下的规律性。这里,以三角形内角和测量为例进行介绍。

观测217个三角形的全部内角,其角度闭合差计算公式如下:

$$\Delta = L_i - 180° \qquad (9-1)$$

式中,$i=1,2,3,\cdots,217$,表示观测次数。然后进行统计计算,结果如表9-1所示。

表9-1 三角形内角和

误差区间	正误差		负误差		合计	
	v_i	v_i/n	v_i	v_i/n	v_i	v_i/n
0~3	30	0.138	29	0.134	59	0.272
3~6	21	0.097	20	0.092	41	0.189
6~9	15	0.069	18	0.083	33	0.152
9~12	14	0.065	16	0.073	30	0.138
12~15	12	0.055	10	0.046	22	0.101
15~18	8	0.037	8	0.037	16	0.074
18~21	5	0.023	6	0.028	11	0.051
21~24	2	0.009	2	0.009	4	0.018
24~27	1	0.005	0	0	1	0.005
≥27	0	0	0	0	0	0
总和	108	0.498	109	0.502	217	1.000

从表9-1可以得出偶然误差具有以下规律性:

(1) 有限性。在一定的观测条件下,偶然误差的绝对值不会超过一定的限值,超限数为零。

(2) 集中性。绝对值较小的偶然误差比绝对值大的偶然误差出现的可能性要大,即小误差大概率。

(3) 对称性。绝对值相等的正、负偶然误差出现的可能性相等,即正、负对称。

(4) 抵偿性。当观测次数无穷增多时,偶然误差的算术平均值为零,即有

$$\lim_{n \to \infty} \frac{[\Delta]}{n} = 0 \qquad (9-2)$$

式中,$[\Delta] = \Delta_1 + \Delta_2 + \cdots + \Delta_n = \sum_{i=1}^{n} \Delta_i$。根据数理统计理论,偶然误差的分布直方图如图9-2所示。

通过拟合,可以得出误差分布曲线如图9-3所示。

误差分布曲线具有以下特性:

(1) $f(+\Delta) = f(-\Delta)$,即 $f(\Delta)$ 是偶函数,表明误差分布曲线具有对称性,和偶然误差的特性(3)一致。

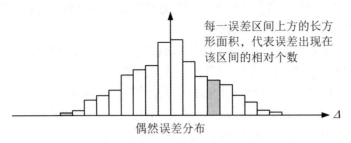

图 9-2　偶然误差分布直方图

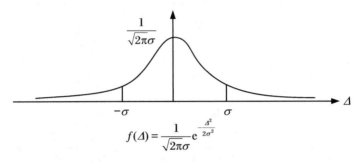

图 9-3　误差分布曲线

(2) $|\Delta|$ 越小，$f(\Delta)$ 越大。当 $\Delta=0$ 时，$f(\Delta)=\dfrac{1}{\sqrt{2\pi}\sigma}$ 为最大值；当 $\Delta\to\infty$ 时，$f(\Delta)=0$。

这表明横轴是误差分布曲线的渐近线，和偶然误差的特性(1)、(2)一致。曲线有两个拐点，横坐标为 $\Delta_{拐}=\pm\sigma$。

σ 愈大时，曲线愈平缓，误差分布比较分散。

σ 愈小时，曲线愈陡峭，误差分布比较集中。

偶然误差不可避免，通过冗余观测可加以削弱。

3. 粗差

由于观测条件不好，使得观测值中含有的误差较大或超过了规定限值，这种误差就称为粗差。

在测量工作中，需要进行冗余观测，发现粗差，并将其剔除或重测。这样最终观测值中主要含有偶然误差，此时利用数理统计理论可求得最佳估值。

9.2　准确度和精确度

9.2.1　准确度

理论值和观测值之间的接近程度，称为准确度。衡量准确度的指标有真误差和相对误差。

9.2.2 精确度

在多次观测条件下,观测结果相互吻合的程度,称为精确度。衡量精确度的指标有标准差、中误差、极限误差和相对误差。

1. 标准差

在测量工程中,观测值符合正态分布,即有

$$f(\Delta) = \frac{1}{\sqrt{2\pi}\delta}e^{-\frac{\Delta^2}{2\delta^2}} \tag{9-3}$$

式中,δ^2 表示方差,δ 表示标准差。δ 的大小反映了一组观测值误差分布的密集或离散程度。

2. 中误差

在相同条件下,对某量(真值为 X)进行 n 次独立观测,得观测值 $L_1, L_2, \cdots, L_n$,对应的偶然误差(真误差)分别为 $\Delta_1, \Delta_2, \cdots, \Delta_n$,则中误差 m 的定义如下式:

$$m = \pm\sqrt{\frac{[\Delta\Delta]}{n}} \tag{9-4}$$

式中,

$$[\Delta] = \Delta_1 + \Delta_2 + \cdots + \Delta_n = \sum_{i=1}^{n}\Delta_i$$

$$\Delta_i = L_i - X$$

在同精度观测条件下,每个观测值的真误差不同,但中误差是相同的。

3. 容许误差(极限误差)

由偶然误差的特性可知,在一定的观测条件下,偶然误差的绝对值不会超过一定的限值,这个限值就是容许(极限)误差。对容许误差,有

$$\begin{cases} P(-\sigma < \Delta < \sigma) = \int_{-\sigma}^{+\sigma}f(\Delta)d\Delta = \frac{1}{\sigma\sqrt{2\pi}}\int_{-\sigma}^{+\sigma}e^{-\frac{\Delta^2}{2\sigma^2}}d\Delta \approx 0.683 \\ P(-2\sigma < \Delta < 2\sigma) = \int_{-2\sigma}^{+2\sigma}f(\Delta)d\Delta = \frac{1}{\sigma\sqrt{2\pi}}\int_{-2\sigma}^{+2\sigma}e^{-\frac{\Delta^2}{2\sigma^2}}d\Delta \approx 0.955 \\ P(-3\sigma < \Delta < 3\sigma) = \int_{-3\sigma}^{+3\sigma}f(\Delta)d\Delta = \frac{1}{\sigma\sqrt{2\pi}}\int_{-3\sigma}^{+3\sigma}e^{-\frac{\Delta^2}{2\sigma^2}}d\Delta \approx 0.997 \end{cases} \tag{9-5}$$

从式(9-5)可以看出:

(1) 大于 2 倍中误差的真误差出现的可能性为 5%。

(2) 大于 3 倍中误差的真误差出现的可能性为 0.3%。

因此,常取标准差的两倍(或三倍)作为观测值的容许误差,实际中常用中误差代替标准差,即有 $\Delta_{容} = 2m$。

4. 相对误差

相对误差用来衡量和距离有关的观测量的精度,包括相对真误差和相对极限误差,其定义式为

$$\begin{cases} \dfrac{\Delta_s}{S} = \dfrac{1}{K} \\ \dfrac{m_s}{S} = \dfrac{1}{K} \end{cases} \quad (9-6)$$

如果数据的精确度不高,其准确度一般也不高,所以精确度是准确度的前提。但是,精确度高,准确度不一定高。在消除系统误差的前提下,精确度高,准确度会很高,只有精确度和准确度都高的数据才是可用的数据。

9.2.3 算术平均值和改正值

1. 算术平均值

在相同条件下,对某未知量(真值未知)进行 n 次独立观测,得对应的观测值 $L_1, L_2, \cdots, L_n$,则未知量的估值可用算术平均值 $\bar{X}$ 表示:

$$\bar{X} = \frac{L_1 + L_2 + \cdots + L_n}{n} = \frac{[L]}{n} \quad (9-7)$$

证明如下:

真误差计算公式为

$$\begin{cases} \Delta_1 = X - L_1 \\ \Delta_2 = X - L_2 \\ \cdots \\ \Delta_n = X - L_n \end{cases} \quad (9-8)$$

将式(9-8)中各式左右两边相加,并除以 n,可得

$$\frac{[\Delta]}{n} = X - \frac{[L]}{n} \quad (9-9)$$

根据偶然误差的特性(4),可得

$$\lim_{n \to \infty} X = \frac{[L]}{n} \quad (9-10)$$

2. 改正值

算术平均值与观测值的差值称为改正值。其计算公式如下:

$$\begin{cases} v_1 = \bar{X} - L_1 \\ v_2 = \bar{X} - L_2 \\ \cdots \\ v_n = \bar{X} - L_n \end{cases} \quad (9-11)$$

将式(9-11)中各式左右两边相加,得

$$[v] = n\bar{X} - [L] \quad (9-12)$$

根据式(9-12),可得 $[v] = 0$,此关系可以作为计算算术平均值的检核条件。根据式(9-4),可得到观测值改正数的中误差计算公式如下:

$$m = \pm \sqrt{\frac{[vv]}{n-1}} \quad (9-13)$$

9.3 误差传播定律

确定观测值中误差和观测值函数中误差之间关系的定律称为误差传播定律。

9.3.1 线性函数

线性函数的一般形式如下所示：
$$z = k_1 x_1 \pm k_2 x_2 \pm \cdots \pm k_n x_n \tag{9-14}$$
式中，$x_1, x_2, \cdots, x_n$ 表示独立观测值；$k_1, k_2, \cdots, k_n$ 表示常数。

取 $\Delta_1, \Delta_2, \cdots, \Delta_n$ 表示观测值相应的真误差，$m_1, m_2, \cdots, m_n$ 为观测值的中误差。

函数 z 含有真误差 Δz，式(9-14)转换为
$$z + \Delta z = k_1(x_1 + \Delta_1) \pm k_2(x_2 + \Delta_2) \pm \cdots \pm k_n(x_n + \Delta_n) \tag{9-15}$$
将式(9-15)和式(9-14)相减，可得真误差计算公式如下：
$$\Delta z = k_1 \Delta_1 \pm k_2 \Delta_2 \pm \cdots \pm k_n \Delta_n \tag{9-16}$$
若每个观测值都观测了 n 次，可得
$$\begin{cases} \Delta z_1 = k_1 \Delta_{11} + k_2 \Delta_{21} + \cdots + k_n \Delta_{n1} \\ \Delta z_2 = k_1 \Delta_{12} + k_2 \Delta_{22} + \cdots + k_n \Delta_{n2} \\ \cdots \\ \Delta z_n = k_1 \Delta_{1n} + k_2 \Delta_{2n} + \cdots + k_n \Delta_{nn} \end{cases} \tag{9-17}$$
将上式平方后求和，再除以 n，可得
$$\frac{[\Delta z^2]}{n} = \frac{k_1^2 [\Delta_1^2]}{n} + \frac{k_2^2 [\Delta_2^2]}{n} + \cdots + \frac{k_n^2 [\Delta_n^2]}{n} + 2\frac{k_1 k_2 [\Delta_1 \Delta_2]}{n} + \cdots + 2\frac{k_{n-1} k_n [\Delta_{n-1} \Delta_n]}{n}$$
$$\tag{9-18}$$
进而可得函数 z 的中误差计算公式：
$$m_z^2 = k_1^2 m_1^2 + k_2^2 m_2^2 + \cdots + k_n^2 m_n^2 \tag{9-19}$$

9.3.2 一般函数

一般函数的形式如下：
$$z = f(x_1, x_2, \cdots, x_n) \tag{9-20}$$
式中，$x_1, x_2, \cdots, x_n$ 表示独立观测值。

取 $m_1, m_2, \cdots, m_n$ 为观测值中误差。当观测值 x_1 有真误差时，函数 z 相应地产生真误差 Δz。由于这些真误差都是一个小值，根据变量的误差与函数的误差之间的关系，近似地用函数的全微分对一般函数进行线性化，并用符号 Δ 代替微分符号 d，可得
$$\Delta z = \frac{\partial f}{\partial x_1} \Delta x_1 \pm \frac{\partial f}{\partial x_2} \Delta x_2 \pm \cdots \pm \frac{\partial f}{\partial x_n} \Delta x_n \tag{9-21}$$

式中,$\frac{\partial f}{\partial x_i}(i=1,2,\cdots,n)$ 表示函数对各个变量的偏导数。由此,可得误差传播定律的一般公式:

$$m_z^2 = \left(\frac{\partial f}{\partial x_1}\right)^2 m_1^2 \pm \left(\frac{\partial f}{\partial x_2}\right)^2 m_2^2 \pm \cdots \pm \left(\frac{\partial f}{\partial x_n}\right)^2 m_n^2 \qquad (9-22)$$

9.3.3 倍乘函数

设在比例尺 $1:k$ 的地形图上,A、B 两点间的距离为 S,中误差为 m,观测了 n 次,试求解 A、B 间的实地距离 S' 及中误差 m'。

根据地形图比例尺,可得关系公式:

$$S' = kS \qquad (9-23)$$

这里,假设 S' 和 S 的真误差分别为 $\Delta S'$ 和 ΔS,根据式(9-16),可得

$$\Delta S' = k\Delta S \qquad (9-24)$$

由于进行了 n 次观测,可得

$$\begin{cases} \Delta s'_1 = k\Delta s_1 \\ \Delta s'_2 = k\Delta s_2 \\ \cdots \\ \Delta s'_n = k\Delta s_n \end{cases} \qquad (9-25)$$

将上述各式两边平方后求和,再除以 n,可得

$$\frac{[\Delta S'^2]}{n} = \frac{k^2[\Delta^2 s]}{n} \qquad (9-26)$$

根据中误差定义,可得

$$\begin{cases} m_S^2 = \dfrac{[\Delta S^2]}{n} \\ m_{S'}^2 = \dfrac{[\Delta S'^2]}{n} \end{cases} \qquad (9-27)$$

将式(9-27)进一步化简,可得

$$\begin{cases} m_{S'}^2 = k^2 m_S^2 \\ m_{S'} = k m_S \end{cases} \qquad (9-28)$$

在水准测量中,高差中误差与测站数 n 的平方根成正比,可得

$$m_h = \sqrt{n}\, m_{测站} \qquad (9-29)$$

9.4 广义算术平均值及权

9.4.1 广义算术平均值

在同等精度观测下,对某未知量进行了 n 次观测,根据式(9-7)和式(9-13)可求解未

知量的最或然值和中误差。但是,在实际测量工程中,通常是不等精度的观测,故上述公式无法使用。

假设对未知量进行了 n 次同等精度的观测,得到观测值 $L_1,L_2,\cdots,L_{n_1+1},L_{n_1+2},\cdots,L_n$。现将 n 个观测值进行分组:第一组有 n_1 个观测值,第二组有 n_2 个观测值,则 $n=n_1+n_2$。对两组观测值分别进行计算,根据式(9-7)求解两组观测值的算术平均值,这里分别用 L_1'、L_2' 表示,有

$$\begin{cases} L_1' = \dfrac{L_1+L_2+\cdots+L_{n_1}}{n_1} = \dfrac{1}{n_1}\sum_{i=1}^{n_1}L_i \\ L_2' = \dfrac{L_{n_1+1}+L_{n_1+2}+\cdots+L_{n_1+n_2}}{n_2} = \dfrac{1}{n_2}\sum_{j=n_1+1}^{n_1+n_2}L_j \end{cases} \quad (9-30)$$

假设观测值的中误差为 m,则两组观测值的中误差计算公式如下:

$$\begin{cases} m_{L_1}' = \dfrac{m}{\sqrt{n_1}} \\ m_{L_2}' = \dfrac{m}{\sqrt{n_2}} \end{cases} \quad (9-31)$$

从式(9-31)可以看出,如果 $n_1 \neq n_2$,L_1' 和 L_2' 的精度是不等的。根据同等精度观测值,未求知量的最或然值的计算公式如下:

$$\bar{X} = \dfrac{[L]}{n} = \dfrac{\sum_{i=1}^{n_1}L_i + \sum_{j=n_1+1}^{n_1+n_2}L_j}{n_1+n_2} \quad (9-32)$$

联立式(9-30),可得

$$\bar{X} = \dfrac{n_1 L_1' + n_2 L_2'}{n_1+n_2} \quad (9-33)$$

从式(9-33)中可以看出,如果将 L_1'、L_2' 看作不同精度观测值,则求被观测值的最或然值时,在本例情况下,只要考虑求得它们的观测次数 n_1 和 n_2,然后代入式(9-33)即可求得。为了由不同精度观测值求得被观测值的最或然值,将式(9-31)代入式(9-33),可得

$$\bar{X} = \dfrac{\dfrac{m^2}{m_{L_1'}}L_1' + \dfrac{m^2}{m_{L_2'}}L_2'}{\dfrac{m^2}{m_{L_1'}} + \dfrac{m^2}{m_{L_2'}}} \quad (9-34)$$

这里,如果将上式中的 m^2 换成另一常数 m_0^2,并不影响结果。在测量工程中,令

$$p_i = \dfrac{m_0^2}{m_i^2}$$

则式(9-34)可转换为式(9-35),即为两个不同精度观测值的最或然值:

$$\bar{X} = \dfrac{p_1 L_1' + p_2 L_2'}{p_1+p_2} \quad (9-35)$$

如果对某未知量进行了 n 次不同精度观测,得 $L_1',L_2',\cdots,L_n'$,则对应的最或然值计算公式如下:

$$\bar{X} = \dfrac{p_1 L_1' + p_2 L_2' + \cdots + p_n L_n'}{p_1+p_2+\cdots+p_n} = \dfrac{[pL']}{[p]} \quad (9-36)$$

如果 L'_i 精度相同，则 $m_1 = m_2 = \cdots = m_n = m$，这些观测值的权值也是相等的，即为 $p_1 = p_2 = \cdots = p_n = p$，则式(9-36)可变换为

$$X = \frac{p(L'_1 + L'_2 + \cdots + L'_n)}{p(1 + 1 + \cdots + 1)} = \frac{[L'_i]}{n} \qquad (9-37)$$

由于同一量的各个观测值数值都近似，取其相同部分为 L'_0，差别部分为 ΔL_i，即有

$$L'_i = L'_0 + \Delta L'_i \qquad (9-38)$$

则可得计算不同精度观测值的平均值计算公式如下：

$$\bar{X} = L'_0 + \frac{[p\Delta L]}{p} \qquad (9-39)$$

根据同一量的 n 次不等精度观测值，计算其加权平均值后，观测值改正数计算公式如下：

$$\begin{cases} v_1 = \bar{X} - L'_1 \\ v_2 = \bar{X} - L'_2 \\ \cdots \\ v_n = \bar{X} - L'_n \end{cases} \qquad (9-40)$$

这些不等精度观测值的改正数，也应符合"最小二乘法"的数据处理原则，其数学表达式为

$$[pvv] = [p(\bar{X} - L')^2] = \min \qquad (9-41)$$

为求其最小值，以 $\bar{X}$ 为自变量，对上述公式求一阶导数，并令其等于 0，则有

$$\frac{\mathrm{d}[pvv]}{\mathrm{d}\bar{X}} = 2[p(\bar{X} - L')] = 0 \qquad (9-42)$$

进而可得

$$[p]\bar{X} - [pL'] = 0$$

$$\bar{X} = \frac{[pL']}{p}$$

由此证明式(9-36)符合"最小二乘法"的原则。根据式(9-40)证明不等精度观测值的改正值还应满足下列条件，并可以作为计算加权平均值及观测值的改正值时的检核：

$$[pv] = [p(\bar{X} - L')] = [p]\bar{X} - [pL'] = 0 \qquad (9-43)$$

加权平均值计算公式(9-36)式可以写成线性函数的形式：

$$\bar{X} = \frac{p_1}{[p]}L'_1 + \frac{p_2}{[p]}L'_2 + \cdots + \frac{p_n}{[p]}L'_n \qquad (9-44)$$

根据线性函数的误差传播公式，得到

$$m_{\bar{X}} = \sqrt{\left(\frac{p_1}{[p]}\right)^2 m_1^2 + \left(\frac{p_2}{[p]}\right)^2 m_2^2 + \cdots + \left(\frac{p_n}{[p]}\right)^2 m_n^2} \qquad (9-45)$$

由 $p_i = m_0^2/m_i^2$，式(9-45)可转化为

$$m_{\bar{X}} = m_0 \sqrt{\frac{p_1}{[p]^2} + \frac{p_2}{[p]^2} + \cdots + \frac{p_n}{[p]^2}} \qquad (9-46)$$

因此，加权平均值的中误差计算公式为

$$m_{\overline{X}} = \frac{m_0}{\sqrt{[p]}} \qquad (9-47)$$

根据 $p_i = \dfrac{m_0^2}{m_i^2}$ 可知,加权平均值的权为全部观测值的权之和:

$$p_{\overline{X}} = [p] \qquad (9-48)$$

9.4.2 权

上述计算过程中的条件公式(式(9-49)),即为权。

$$p_i = \frac{m_0^2}{m_i^2} \qquad (9-49)$$

式中,m_0 为任意常数。

当 $m_i = m_0$ 时,$p_i = 1$。此时,m_0 是权等于 1 的中误差,称为单位权,相应的观测值称为单位权观测值。而 m_0 为单位权观测值的中误差,称为单位权中误差。

由式(9-49)可知,权与中误差平方成反比关系,精度越高,权值越大。各观测值的权之间的比例关系如下:

$$p_1 : p_2 : \cdots : p_n = \frac{m_0^2}{m_1^2} : \frac{m_0^2}{m_2^2} : \cdots : \frac{m_0^2}{m_n^2} = \frac{1}{m_1^2} : \frac{1}{m_2^2} : \cdots : \frac{1}{m_n^2} \qquad (9-50)$$

由此可知,用中误差衡量精度是绝对的,而用权衡量精度是相对的,即权是衡量精度的相对标准。

通过式(9-50),可知权具有以下特性:

(1) 反映了观测值的相互精度关系。
(2) m_0 值的大小,对最或然值没有影响。
(3) 就 p 值来说,不需要考虑权值的大小,重点在于权值相互的比例关系。
(4) 如果属于同类量的观测,权无单位。否则,权是否有单位不能一概而论,需要根据具体情况而定。

根据式(9-38),对于同一量的 n 个不等精度观测值,有

$$m_0^2 = p_1 m_1^2$$
$$m_0^2 = p_2 m_2^2$$
$$\cdots$$
$$m_0^2 = p_n m_n^2$$

取以上各式的总和,并除以 n,得

$$m_0^2 = \frac{[pm^2]}{n} = \frac{[pmm]}{n}$$

用真误差 Δi 代替中误差 m_i,可得在观测值的真值已知时用真误差求单位权中误差的计算公式如下:

$$m_0 = \sqrt{\frac{[P\Delta\Delta]}{n}} \qquad (9-51)$$

在观测值的真值未知的情况下,用观测值的加权平均值代替真值,用观测值的改正值 v_i 代替真误差 Δi,可得到不等精度观测值的改正值单位权中误差的计算公式:

$$m_0 = \sqrt{\frac{[P\Delta\Delta]}{n-1}} \qquad (9-52)$$

例如,对于某一水平角度,用同样的经纬仪分别进行三组观测:第一组2测回,第二组4测回,第三组6测回,各组观测的水平角分别为:$L_1 = 40°20'14''$,$L_2 = 40°20'17''$,$L_3 = 40°20'20''$。设以一测回观测水平角的中误差为单位权中误差,则可得到这三组观测的权分别为:$p_1 = 2$,$p_2 = 4$,$p_3 = 6$。计算三组观测值的加权平均值,取 $L_0 = 40°20'15''$,则

$$\bar{X} = 40°24'15'' + \frac{36''}{12} = 40°24'18''$$

根据式(9-40),计算各组观测值的改正数,分别为:$v_1 = +4''$,$v_2 = +1''$,$v_3 = +2''$。

根据式(9-42),检核计算是否正确:

$$[pv] = 8'' + 4'' - 12'' = 0$$

根据式(9-46),计算单位权中误差即一测回的水平角观测中误差:

$$m_0 = \sqrt{\frac{2\times 4^2 + 4\times 1^2 + 6\times (-2)^2}{3-1}} = \pm 5.5''$$

根据式(9-43),计算三组观测值的加权平均值的中误差:

$$m_{\bar{X}} = \frac{\pm 5.5''}{\sqrt{2+4+6}} = \pm 1.6''$$

以上计算结果如表9-2所示。

表9-2 加权平均值和其中误差

组号	次数	各组平均值	$\Delta L('')$	权 p	$p\Delta L$	改正数	pv
1	2	40°20'14''	-1	2	-2	4	8
2	4	40°20'17''	2	4	8	1	4
3	6	40°20'20''	5	6	30	-2	-12
		$L_0 = 40°20'15'$		12	36		0

最或然值:$\bar{X} = 40°24'15'' + \frac{36''}{12} = 40°24'18''$

$[pvv] = 60$,$m_0 = \sqrt{\frac{2\times 4^2 + 4\times 1^2 + 6\times (-2)^2}{3-1}} = \pm 5.5''$

$p_{\bar{X}} = 12$,$m_{\bar{X}} = \frac{5.5}{\sqrt{12}} = \pm 1.6''$

思 考 题

1. 测量误差可以分成哪几种?试举例说明。
2. 测量数据的特性有哪些?如何量化?
3. 什么是中误差?中误差属于绝对误差还是相对误差?
4. 什么是误差传播定律?

5. 在真值未知的情况下，如何推导单位权中误差？

6. 什么叫不等精度观测？什么是权？权有何实用意义？

7. 测量矩形地物，得长度 $a = 123.45 \pm 0.06$ m，宽度 $b = 88.712 \pm 0.06$ m，计算该地物的面积和面积中误差。

8. 测量得圆形地物的直径为 32.780 ± 0.06 m，求解圆形地物的周长及其中误差。

9. 对某段距离，用光电测距仪测定其水平距离 4 次，观测值列于表 9-3。计算其算术平均值、算术平均值的中误差及其相对中误差。

表 9-3

序号	观测值(mm)	Δl(mm)	改正值(mm)	计算 $\bar{x}$、$m_{\bar{x}}$、$\dfrac{m_{\bar{x}}}{\bar{x}}$
1	345.567			
2	345.436			
3	345.660			
4	345.537			
合计				

第10章 测绘工程应用

10.1 线路纵断面测量

线路纵断面测量就是测定中线上各中桩的地面高程,绘制中线纵断面图,为设计线路坡度、计算土方量提供基础数据。线路纵断面测量步骤如下:
(1) 基平测量。沿线路方向设置水准点,建立高程控制。
(2) 中平测量。以水准点为基础,分段测定各中桩的地面高程。
(3) 绘制纵断面图。精确绘制线路纵断面图。

10.1.1 基平测量

1. 水准点位置布设

在基平测量过程中,水准点应布设在距中线 50~100 m 处,埋设在地基稳固、易于引测和施工不被破坏之处,以方便保存,如图 10-1 所示。

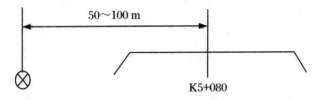

图 10-1 水准点布设

2. 水准点布设密度

根据地形不同,水准点纵向密度布设要求如下:在山区相距 0.5~1 km,在平原区相距 1~2 km。每 1~2 km 布设一个永久水准点,每 300~500 m 设一个临时水准点。在线路起点和终点、重要工程处,也需要布设永久性水准点。如图 10-2 所示。

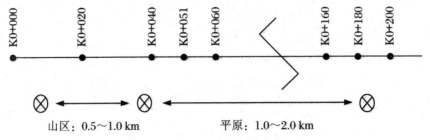

图 10-2 水准点纵向密度

3. 基平测量要求

基平测量的线路要求是附合水准路线,仪器要求是不低于 DS3 精度的水准仪或全站仪。在测量工程中,一般按照三、四等水准测量规范。当精度要求不高时,可采用三角高程测量,一般按全站仪电磁波三角高程测量(四等)规范。全站仪和水准仪测量高程方法不同,全站仪是在测站点和目标点上分别架设仪器和棱镜,水准仪是在两点中间架设仪器。

10.1.2 中平测量

中平测量就是测定各个中桩的高程。根据使用测量仪器的不同,可以分为以下两种方法。

1. 水准仪法

水准仪法是从一个水准点出发,用"视线高法"测出该测段内所有中桩地面高程,最后附合到另一个水准点上。这里的"视线高法"即为水准测量原理中的视线高法。表 10-1 为水准仪法中平测量记录表。

表 10-1 水准仪法中平测量记录表

测站	测点	水准尺读数			视线高程 (m)	高程 (m)	备注
		后视 a(m)	中视 c(m)	前视 b(m)			
I	BM$_4$	4.267			235.739	231.472	BM$_4$ 位于 K+000 桩左侧 10 m 处,其高程为 H_4 = 231.472 m;BM$_5$ 位于 K+240 桩右侧 50 m 处,其高程为 H_4 = 241.452 m
	K4+000		4.32			231.42	
	+020		2.73			233.01	
	+040		2.50			233.24	
	+060		1.43			234.31	
	+078		2.56			233.18	
	+100		0.81			234.93	
II	TP$_1$	4.876		0.433	240.182	235.306	
	+141		2.14			238.04	
	+150		2.01			238.17	
	ZY+181.7		2.51			237.67	
	QZ+201.2		4.12			236.06	
III	TP2	4.587		2.016	242.753	238.166	
	YZ+220.7		3.01			239.74	
	+240		2.64			240.11	
	BM5			1.312		241.441	
计算检核	$\sum a - \sum b = 13.730 - 3.761 = +9.969$(m)　　$H_{BM5} - H_4\ 241.441 - 231.472 = +9.969$(m)							
精度计算	$f_h = H_{BM5} - H_5 = 241.441 - 241.452 = -0.011$(m)　　$f_{h容} = \pm 50\sqrt{L} = \pm 50\sqrt{0.3} = \pm 27$(mm)							

在测量工程中,当跨越一段沟谷进行中平测量时,沟内和沟外通常分开测量,如图10-3所示。在测量过程中,需要注意两点:沟内和沟外分开测量、记录和计算;沟内通常为支水准路线,缺少检核条件,测量时需要认真作业。

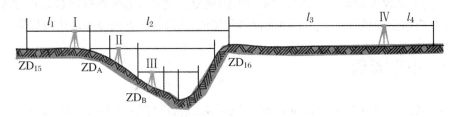

图10-3 跨越沟谷中平测量

特别是在谷底最深处,如果谷深超出了水准尺的测程,可采用接尺法进行测量,如图10-4所示。此时,需要注意的是读数应为望远镜内的读数加上接尺的数值。

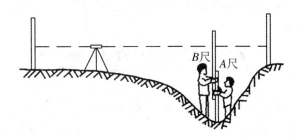

图10-4 谷深接尺法

2. 全站仪法

在工程测量中,根据测站点设置的不同,全站仪法中平测量又可以分为直接法和自由法。

直接法是利用全站仪坐标测量原理,直接测得各中桩点的高程。

自由法是利用全站仪坐标测量原理,在任意位置设站,然后和已知控制点进行联测,进而得到各中桩点的高程。如图10-5所示,计算公式为

$$\left. \begin{array}{l} h_{IA} = S_{IA}\sin\alpha_A + i - v_A \\ h_{IB} = S_{IB}\sin\alpha_B + i - v_B \end{array} \right\} \Rightarrow H_{AB} = h_{AI} + h_{IB} = h_{IB} - h_{IA} \qquad (10-1)$$

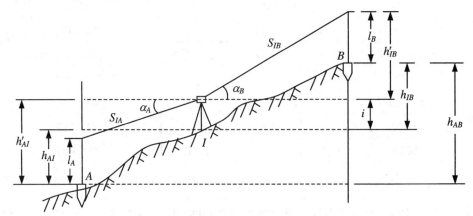

图10-5 自由法中平测量

在测量过程中,需要注意以下 4 点:(1) 合理选择全站仪安置点,使其尽可能多地观测中桩点,又能与已知高程点通视,以便获得后视高差;(2) 安置全站仪只需整平,不需对中和量取仪器高;(3) 仪器位置移动后,必须重新对已知高程点进行观测,以获得新的后视高差;(4) 仪器尽量安置在中间位置,可以消除地球曲率、大气折光和仪器竖盘指标差的影响。

10.1.3 纵断面图绘制

如图 10-6 所示,线路纵断面图包含以下要素。

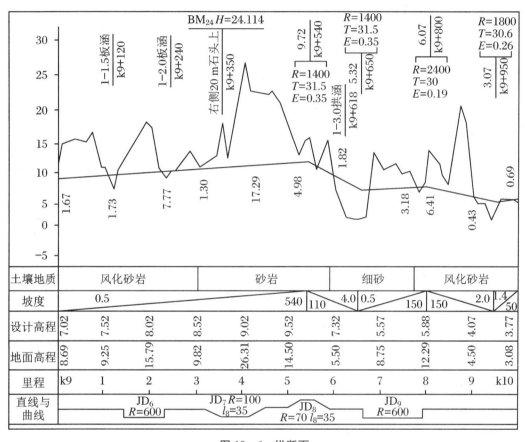

图 10-6 纵断面

(1) 线路地面线。表示中线方向的实际地面线,以里程为横坐标、中桩地面高程为纵坐标绘制。

(2) 设计线。包含竖曲线在内的纵坡设计线。

(3) 水准点的位置和高程。例如,桥涵的类型、孔径、跨数、长度、里程桩号和设计水位,竖曲线示意图和曲线元素,同公路、铁路交叉点的位置、里程及有关说明。

(4) 比例尺。在平原地区时,里程比例尺为 1∶5000 或 1∶2000,高程比例尺为 1∶500 或 1∶200;在丘陵山区时,里程比例尺为 1∶2000 或 1∶1000,高程比例尺为 1∶200 或 1∶100。

(5) 其他要素。例如图的下部有关测量及纵坡设计的标注,直线与曲线,里程,地面高程,设计高程,坡度,土壤地质说明(标明路段的土壤地质情况)。

10.2 线路横断面测量

线路横断面测量的目的是测定线路各中桩处垂直于中线方向上地面的起伏状态,绘制横断面图,为线路设计提供基础资料。线路横断面测量时,先确定横断面方向,再测量变坡点间的平距和高差。

1. 横断面方向标定

根据线路几何形状,横断面可以分成直线段、圆曲线段和缓和曲线段几种类型,如图 10-7 所示。

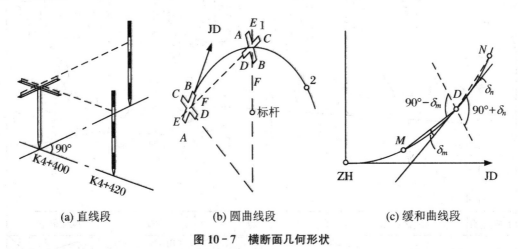

(a) 直线段　　　　　(b) 圆曲线段　　　　　(c) 缓和曲线段

图 10-7　横断面几何形状

直线段横断面测量,采用普通方向架测定,如图 10-7(a) 所示;圆曲线段横断面测量,采用求心方向架测定,如图 10-7(b) 所示;缓和曲线段横断面测量,采用求心方向架测定,如图 10-7(c) 所示。

2. 方向架

如图 10-8 所示,方向架分为普通方向架和求心方向架。

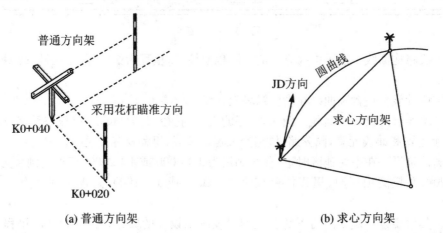

(a) 普通方向架　　　　　　　　　(b) 求心方向架

图 10-8　方向架

普通方向架配合花杆使用,操作简单。求心方向架的使用方法如下:用 a、a' 对准圆心,用 b、b' 对准交点,这时两条线垂直,在起点用活动的 c、c' 对准 1 号点,然后把固定好的方向架拿到 1 号点上,用 b、b' 这条边对准起点,用 c、c' 这条边指向圆心,这时 a、a' 方向就是 1 号点的垂直方向。

3. 横断面测量

横断面测量是按前进方向的左、右侧,测量各变坡点至中桩的平距和高差。其记录表如表 10-2 所示。

表 10-2　线路横断面测量记录表

左侧	桩号	右侧
$\dfrac{-0.6\ \ -1.8\ \ -1.6}{11.0\ \ \ 8.5\ \ \ \ 6.0}$	4+100	$\dfrac{+1.5\ \ +0.9\ \ +1.6\ \ +0.5}{4.6\ \ \ \ 4.4\ \ \ \ 7.0\ \ \ \ 10.0}$
平 $\dfrac{-0.5\ \ -1.2\ \ -0.8}{7.8\ \ \ 4.2\ \ \ 6.0}$	3+980	$\dfrac{+0.7\ \ +1.1\ \ -0.4\ \ +0.9}{7.2\ \ \ \ 4.8\ \ \ \ 7.0\ \ \ \ 6.5}$

根据使用测量仪器的不同,横断面测量方法有以下 4 种方法:花杆皮尺法适用于山区低等级的线路,使用花杆和皮尺进行线路横断面测量;水准仪法适用于地形简单精度要求高的地区,使用水准仪和皮尺进行线路横断面测量;经纬仪视距法适用于地形复杂精度要求较高的地区,使用经纬仪和水准尺进行线路横断面测量;全站仪法适用于地形复杂精度要求高的地区,使用全站仪进行线路横断面测量。

在线路横断面测量过程中,精度要求如表 10-3 所示,其中 h 表示检查点至线路中桩的高差(m),L 表示检查点至线路中桩的水平距离(m)。

表 10-3　线路横断面测量精度要求

线路	距离	高程
高速公路、一级公路	$\pm(L/100+0.1)$	$\pm(h/200+L/200+0.1)$
二级及以下公路	$\pm(L/50+0.1)$	$\pm(h/50+L/100+0.1)$

在线路横断面绘制过程中,一般先将中桩标在图中央,再分左、右侧以平距为横轴、高差为纵轴,展绘各个变坡点,各个变坡点的连接图即为横断面图,如图 10-9 所示。

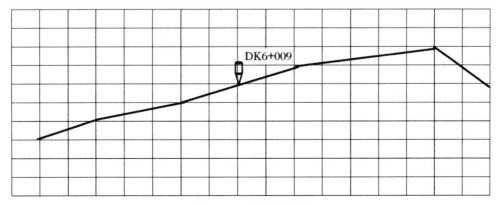

图 10-9　线路横断面

线路横断面图包含以下要素：
(1) 坐标。以各变坡点距离中桩线的水平距离为横坐标，以各变坡点的高程为纵坐标。
(2) 比例尺。线路横断面的比例尺一致，一般为 1∶100 或 1∶200。
(3) 其他要素。

横断面图最好现场绘制，以便及时检查。一般从图纸左下角开始，自下而上，由左向右，依次按桩号绘制。

10.3　建筑物倾斜测量

根据《建筑变形测量规范》JGJ 8—2007，建筑中心线或建筑墙、建筑柱等，在不同高度的点相对底部点的偏移现象，称为建筑物倾斜。建筑物的倾斜变形允许值是指建筑能承受而不至于产生损害或影响正常使用所允许的变形值，主要以设计、相关规范中的值作为参考依据，并结合个体差异及其他手段综合考虑。建筑物验收时根据高度不同，倾斜变形允许值也不同，一般为 24 m 以内 4‰，60 m 以内 3‰，100 m 以内 2.5‰，100 m 以上 2‰。

10.3.1　准备阶段

在开始建筑物倾斜测量之前，需要准备以下内容：
(1) 收集资料。根据建筑或观测体的特点和施测要求，结合规范，做好观测方案的设计和技术准备工作，并取得委托方及相关人员的配合。
(2) 确定观测方法和坐标系。
(3) 布设观测基准点、工作基点、观测点或观测标志。观测标志应牢固、实用和美观。
(4) 准备满足精度要求的测量仪器。
(5) 组织有相应资格证且熟悉业务的测量团队。
(6) 根据变形测量的目的，确定最佳观测时间。

10.3.2　点位布设

在测量过程中，建筑倾斜监测点的布设应符合下列要求：
(1) 监测点宜布设在建筑角点、变形缝两侧的承重柱或墙上。
(2) 监测点应沿主体顶部、底部上下对应布设，上、下监测点应布设在同一竖直线上。
(3) 当使用差异沉降推算建筑倾斜时，监测点的布设同建筑竖向位移监测点的布设一致。

根据倾斜测量的目标不同，倾斜测量的方法有投点法、水平角法、前方交会法、铅直仪观测法、测定基础沉降差法。

10.3.3 投点法

投点法是使用用全站仪或者经纬仪将建筑物竖向轴线上、下标记点直接投影到同一个水平面上,用钢尺量出竖向轴线上标记点相对于其下标记点的偏移量。

经纬仪投点法如图 10-10 所示,步骤如下:将经纬仪设置在距建筑物 1.5~2.0 倍目标高度处 M 点,使用盘左、盘右两个度盘分别进行投影,取中点并量取上、下标记投影点在视线 MP 方向上的偏移值 a_1。将经纬仪转移至与原观测方向成 90°角的 NP 方向上,可求得该方向上的偏离值 a_2。本例中的 M、N 点分别在成 90°的墙体轴线 TP、SP 的方向线上,利用矢量方法可求出实际偏差方向和偏差量。

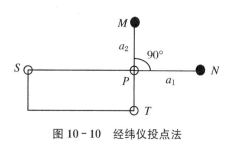

图 10-10 经纬仪投点法

10.3.4 激光铅直仪观测法

随着计算技术的快速发展和普及应用,各种功能的激光仪器已经应用到不同的工程领域。利用激光铅直仪观测建筑物倾斜量如图 10-11 所示,步骤如下:

(1) 在顶部适当位置安置激光接收靶,在其垂线下的地板上选取 Z 点,用钢尺量出 Z 点到柱子的垂直距离 P,再量出垂点 M 到柱子边缘 N 的距离 S。

(2) 在 Z 点架设仪器,严格对中、整平后开始测量。

(3) 测量时直接在上、下标志处用激光接收靶收集光斑,并用钢尺量出光斑到柱边的垂直距离和光斑垂足点到柱子边缘的距离,通过测量上、下距离的差值,即可得出偏移量。

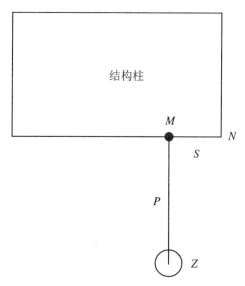

图 10-11 激光铅直仪观测法

10.3.5 成果提交

建筑物倾斜测量应提交的成果如下：
(1) 建筑物倾斜观测点位布设图。
(2) 建筑物倾斜观测记录表，如表 10-4 所示，其中"记录时间"处填"×年×月×日"。

表 10-4 建筑物倾斜观测记录表（记录时间）

测点编号	偏差方向	偏差值（mm）	倾斜率（‰）	测量位置		
				上标志	下标志	上下标志间距
1	北	6.0	0.4	四层顶	一层底	13.6
	东	2.0	0.1	四层顶	一层底	13.6
2	东	1.0	0.1	四层顶	一层底	13.0
	南	1.0	0.1	四层顶	一层底	13.0
3	北	8.0	0.6	四层顶	一层底	14.2
	东	4.0	0.3	四层顶	一层底	14.2
……	……	……	……	……	……	……

(3) 主体倾斜曲线图，一次可用矢量图表示，多次绘制的曲线类似水平位移等曲线。以建筑物垂直度偏差为例，如图 10-12 所示。

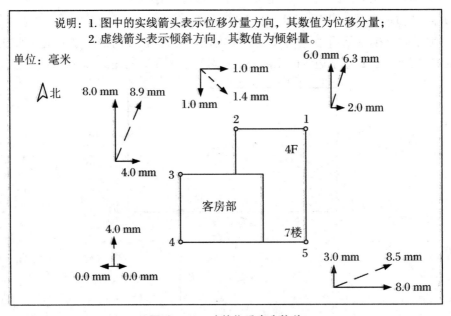

图 10-12 建筑物垂直度偏差

10.4 地形测量综合实习

10.4.1 概述

实习任务来源

为满足宿州学院测绘工程专业教学实习需要,宿州学院安排学生在淮北市测绘实习基地进行了 1∶500 全野外数字地形测量及数字成图软件(CASS7.0)使用任务实习。在此过程中以小组为单位,每小组 5～6 人。

实习的内容和目的

实习内容

(1) 使用苏光全站仪(2 秒级)建立图根级平面及高程控制网点。
(2) 使用全站仪进行 1∶500 数字地形图的测绘。
(3) 使用南方 CASS 数字成图软件对野外采集的数据进行大比例尺(1∶500)地形图的编绘。

实习目的

(1) 培养学习、研究与实践工作中严谨求实的科学精神和工作作风。
(2) 锻炼工作中的团结协作能力和组织能力。
(3) 培养工程建设中地形测量及数字测图工作的独立实践或动手能力。
(4) 巩固、深化和验证所学地形测量及数字测图理论知识。
(5) 了解精密测量仪器的基本构造,熟练掌握其基本操作与使用。
(6) 掌握地形测量及数字测图外业、内业的流程。
(7) 培养运用所学理论与技术分析解决实际工作中一般性测量技术问题的能力。

实习测区范围及行政隶属

1. 测区范围

1∶500 地形图测量范围大概为 $0.16\ \text{km}^2$。

2. 行政隶属

测区隶属于淮北市。

完成工作量

二级导线点 5 个,图根点控制点 8 个,1∶500 地形图测量 $0.16\ \text{km}^2$。

完成期限

外业阶段:×年×月×日~×年×月×日进场并进行野外测绘。
内业阶段:×年×月×日~×年×月×日进场并进行内业成图。
内、外业检查:×年×月×日进场并进行野外测绘;×年×月×日进行内外业自检。
成果提交:×年×月×日提交成果和相关资料。

项目承担单位和成果接受单位

项目承担单位:
成果接受单位:

10.4.2 测绘区概况和资料收集

1. 测绘区概况

测绘区由安徽省高等学校联盟学校与淮北市相关测绘单位共同建设,测区位于淮北市龙脊山自然风景区旁。地理位置为 N 33°53′20″~N 33°53′45″,E 116°54′37″~E 116°54′50″。测区内地形相对复杂,满足地形测图需要的地物和地貌。

2. 已有资料情况

(1) 平面控制点资料

经踏勘检查,测区内有二级导线点 5 个,分别为 Ⅱ01、Ⅱ03、Ⅱ07、Ⅱ08、Ⅱ09,控制点保存完好。用全站仪检测已有控制点时发现两已知点距离相对中误差分别为 $K(Ⅱ01-Ⅱ03)=1/38183$,$K(Ⅱ07-Ⅱ08)=1/69118$,$K(Ⅱ08-Ⅱ09)=1/17794$,满足图根级导线控制网起算点要求,所以采用 Ⅱ01、Ⅱ03、Ⅱ07、Ⅱ08、Ⅱ09 布设了两条附合导线。

(2) 高程控制点资料

在测区附近有国家四等水准成果,经踏勘检核无误,成果可以作为本次测量的起算数据。

10.4.3 执行技术规范标准

(1)《工程测量规范》GB 50026—2007。
(2)《国家基本比例尺地图图式 1∶500、1∶1000、1∶2000 地形图图式》GB/T 20257.1—2007。
(3)《测绘作业人员安全规范》CH 1016—2008。
(4) 数字测图实习指导书。

10.4.4 测量成果指标和规范

1. 成果种类及形式

具体如表 10-5 所示。

2. 坐标基准和高程系统

平面坐标系统:采用武定县城建坐标系。
高程系统:采用 1985 年国家高程基准。

表 10-5　测量成果

成果种类	成果类别	规格
实习报告	Word 格式电子文档、纸质	A4 纸
控制点成果表	Word 格式电子文档、纸质	A4 纸
1∶500 地形图	dwg 格式电子文档	

3．比例尺及地形图分幅编号

地形图测图比例尺 1∶500；采用 50 cm×50 cm 正方形分幅；编号采用自然数编号法，编号顺序为自西向东、从北到南。

10.4.5　项目实施

1．软件和硬件配置要求

（1）硬件

南方全站仪一台，仪器标称精度为 2 mm+2 ppm。

（2）仪器检验情况

经检验，全站仪的照准部、旋转部、十字丝、圆水准气泡、管水准气泡、激光对点器、2C 值、竖盘指标差都满足测量的各项要求。

（3）软件

① 计算机操作系统软件：Windows 系列。

② 文字处理软件：Word、Excel。

③ 平差软件：南方平差易 2002 处理软件。

④ 成图软件：南方 CASS7.1。

2．人员配置

实习项目指导教师：胡××。

实习小组负责人：×××（组长）。

实习小组人员：×××、×××、×××、×××、×××。

3．技术路线

如图 10-13 所示，接受任务后，先进行现场踏勘，然后进行技术设计，方案经甲方审批通过后开始作业，进行选点、埋石、平面和高程控制测量。控制测量经检查合格后进行地形测量工作，外业工作结束后进行内业成图、报告编写工作。以上工作始终坚持过程检查，过程检查通过后，经复核、检查，提交成果资料。

4．选点、埋石

图根点是直接供测图使用的平面和高程依据，宜在各级国家等级控制点、城市等级控制点、控制点下加密。

图根点的密度应根据测图比例尺和地形条件而定，传统测图方法平坦开阔地区图根点的密度不宜小于表 10-6 的规定，数字化测图图根点的密度不宜小于表 10-7 的规定。

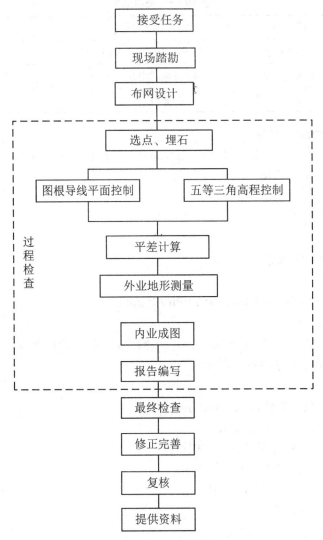

图 10-13 技术路线图

表 10-6 平坦开阔地区图根点的密度(点/km²)

测图比例尺	1:500	1:1000	1:2000
图根点密度	150	50	15

表 10-7 数字化测图平坦开阔地区图根点的密度(点/km²)

测图比例尺	1:500	1:1000	1:2000
图根点密度	64	16	4

地形复杂、隐蔽处以及城市建筑区,应考虑测图需要并结合具体情况加大密度。图根控制点应选在土质坚实、便于长期保存、便于仪器安置、通视良好、视野开阔、便于测角和测距、便于施测碎部点的地方。要避免将图根点选在道路中间。图根点选定后,应立即打桩并在桩顶钉一小钉或画"+"作为标志;或用油漆在地面上画"⊕"作为临时标志并编号。当测区内高级控制点稀少时,应适当埋设标石,埋石点应选在第一次附合的图根点上,并应做到至

少能与另一个埋石点互相通视。

5．图根控制测量

(1) 图根平面控制测量

图根平面控制点的布设,可采用图根导线、图根三角锁(网)方法,不宜超过二次附合,图根导线在个别极困难的地区可附合三次。局部地区可采用光电测距极坐标法和交会点等方法,亦可采用 GPS 测量方法布设。

图根导线测量的技术要求应符合表 10-8 的规定。因地形限制图根导线无法附合时,可布设支导线。支导线不多于 4 条边,长度不超过 450 m,最大边长不超过 160 m。边长可单程观测 1 测回。水平角观测首站应连测两个已知方向,采用 DJ6 光学经纬仪观测 1 测回,其他站水平角应分别测左、右角各 1 测回,其固定角不符值与测站圆周角闭合差均不应超过 ±40″。

表 10-8 图根电磁波测距附合导线的技术要求

比例尺	平均边长 (m)	导线全长 (m)	导线全长相对闭合差 (m)	方位角闭合差 (″)	水平角测回数 (DJ6)	测距	
						仪器类型	方法与测回数
1∶500	80	900	≤1/4000	≤±40$\sqrt{n}$	1	Ⅱ级	单程观测 1
1∶1000	150	1800					
1∶2000	250	3000					

图根三角锁(网)的平均边长不宜超过测图最大视距的 1.7 倍。传距角不宜小于 30°,特殊情况下个别传距角也不宜小于 20°。线形锁三角形的个数不应超过 12 个。图根三角锁(网)的水平角,应使用 DJ6 级仪器并采用方向观测法观测 1 测回。当观测方向多于 3 个时应归零。图根三角锁(网)水平角观测各项限差应符合表 10-9 的规定。

表 10-9 图根三角锁(网)的技术要求

仪器类型	测回数	测角中误差	半测回归零差	三角形闭合差	方位角闭合差
DJ6	1	≤±20′	24′	≤±60′	≤±40$\sqrt{n}$

采用交会法测量时,其交会角度应在 30°～150°之间。前、侧方交会应有三个方向;后方交会 $(\alpha+\beta+\delta)$ 不应在 160°～200°之间。交会边长不宜大于 0.5M m,其中,M 为测图比例尺分母。点位应避免落在危险圆范围内。

当局部地区图根点密度不足时,可在等级控制点或一次附合图根点上,采用光电测距极坐标法布点加密。平面位置测量的技术要求应符合表 10-10 的规定。采用光电测距极坐标所测的图根点,不应再行发展,且一幅图内用此法布设的点不得超过图根点总数的 30%。条件许可时,宜采用双极坐标测量,或适当检测各点的间距;当坐标、高程同时测定时,可变动棱镜高度两次测量,以做校核。两组坐标较差、坐标反算间距较差均不应大于图上 0.2 mm。

需要注意的是:边长不宜超过定向边长的 3 倍;采用双极坐标测量时,每测站只联测一个已知方向,测角、测距均为 1 测回,两组坐标较差不超限时,取其中数。

表 10-10　光电测距极坐标法测量技术要求

项目	仪器类型	方法	测回数	最大边长			固定角不符值
				1∶500	1∶1000	1∶2000	
测距	Ⅱ级	单程观测	1	200	400	800	—
测角	DJ6	方向法,连测两个已知方向。	1	—	—	—	≤±40″

图根三角锁(网)和图根导线均可采用近似平差。计算时角值取至秒,边长和坐标取至厘米。单三角锁坐标闭合差,不应大于图上 $±0.1\sqrt{n_t}$ (mm)(n_t 为三角形个数)。线形锁重合点或测角交会点的两组坐标较差,不应大于图上 0.2 mm。实量边长与计算边长较差的相对误差,不应大于 1/1500。

(2) 图根点高程测量

图根点的高程,当基本等高距为 0.5 m 时,应用图根水准、图根光电测距三角高程或 GPS 测量方法测定;当基本等高距大于 0.5 m 时,可用图根经纬仪三角高程测定。

图根水准测量应起闭于高等级高程控制点上,可沿图根点布设为附合路线、闭合环或结点网。对起闭于一个水准点的闭合环,必须先行检测该点高程的正确性。高级点间附合路线或闭合环线长度不得大于 8 km,结点间路线长度不得大于 6 km,支线长度不得大于 4 km。使用不低于 DS10 级的水准仪(i 角应小于 30″),按中丝读数法单程观测(支线应往返测),估读至 mm。水准测量技术要求应符合水准测量的主要技术要求和测站限差的规定。图根水准计算可简单配赋,高程应取至 cm。

图根三角高程导线应起闭于高等级控制点上,其边数不应超过 12 条,边数超过规定时,应布设成结点网。图根三角高程导线垂直角应对向观测;光电测距极坐标法图根点垂直角可单向观测 1 测回,变换棱镜高度后再测一次;独立交会点亦可用不少于三个方向(对向为两个方向)单向观测的三角高程推求,其中测距要求同图根导线。图根三角高程测量的技术要求应符合表 10-11 的规定。

表 10-11　电磁波测距高程导线的主要技术指标

仪器类型	中丝法测回数		指标差较差、垂直角较差(″)	对向观测高差、单程两次高差较差(m)	各方向推算的高程较差(m)	附合或环形闭合差	
	经纬仪三角高程测量	光电测距三角高程测量				经纬仪三角高程测量	光电测距三角高程测量
DJ6	1	对向 1 单向 2	≤25	≤0.4×S	≤0.2×H_C	≤±0.1$H_C\sqrt{n_s}$	≤±40$\sqrt{[D]}$

注:S 表示边长,H_C 表示基本等高距,n_s 表示边数,D 表示边长。

需要注意的是:仪器高和目标高应准确量取至 mm,高差较差或高程较差在限差内时,取其中数;当边长大于 400 m 时,应考虑地球曲率和折光差的影响;计算三角高程时,角度取至秒,高差应取至 cm。

(3) 图根导线及三角高程控制测量成果

① 平面控制。

第一条导线:

a. 平面控制网等级:图根测量,验前单位权中误差 12.0 s。

b. 控制网数据统计结果。

边长统计结果:总边长 254.4950,平均边长 50.8990,最小边长 38.5660,最大边长 70.0260。

角度统计结果:最小角度 106.3825,最大角度 226.4504。

c. 控制网中最大误差情况。

最大点位误差 = 0.0065 m。

最大点间误差 = 0.0075 m。

最大边长比例误差 = 12606。

平面网验后单位权中误差 = 18.68 s。

几何条件:附合导线。

路径:[208 - 207 - A4 - A3 - A2 - A1 - 203 - 201]。

$f_x = -0.014$ m, $f_y = -0.006$ m, $f_d = 0.016$ m。

$[s] = 254.495$ m, $k = 1/16364$, 平均边长 = 50.899 m。

第二条导线:

a. 平面控制网等级:图根测量,验前单位权中误差 12.0 s。

b. 控制网数据统计结果。

边长统计结果:总边长 401.4040,平均边长 40.1404,最小边长 26.5420,最大边长 55.0200。

角度统计结果:最小角度 33.4201,最大角度 272.0756。

c. 控制网中最大误差情况。

最大点位误差 = 0.0088 m。

最大点间误差 = 0.0103 m。

最大边长比例误差 = 6293。

平面网验后单位权中误差 = 26.99 s。

几何条件:附合导线。

路径:[203 - 201 - a8 - a7 - a6 - a5 - 209 - 208]。

$f_x = 0.018$(m), $f_y = 0.010$ m, $f_d = 0.020$ m。

$[s] = 200.695$ m, $k = 1/9758$, 平均边长 = 40.139 m。

② 高程控制。

a. 高程控制网等级:图根三角高程。

每千米高差中误差 = 11.89 mm。

起始点高程:

     203   1758.9310 m

     207   1754.0060 m

b. 每千米高差中误差 = 29.02 mm。

起始点高程:

     209   1757.5250 m

     201   1759.0740 m

c. 最终得到的图根控制点成果表如表 10 - 12 所示。

表 10-12 图根控制点成果表

	X(m)	Y(m)	H(m)	备注
201	2823275.834	491858.650	1759.074	已知点
203	2823264.134	491744.700	1758.931	已知点
A1	2823289.454	491715.452	1758.331	加密点
A2	2823314.205	491679.277	1757.344	加密点
A3	2823297.670	491618.085	1754.538	加密点
A4	2823227.668	491616.223	1755.237	加密点
A5	2823176.652	491719.601	1755.111	加密点
A6	2823197.103	491736.524	1755.774	加密点
A7	2823212.630	491775.596	1756.175	加密点
A8	2823240.789	491816.234	1758.200	加密点
207	2823190.035	491607.789	1754.006	已知点
208	2823152.245	491665.660	1754.440	已知点

6. 大比例尺地形测绘

(1) 测图前的准备

传统地形测图开始前，应做好下列准备工作：

① 抄录控制点平面和高程成果。

② 在原图纸上绘制方格网和图廓线，展绘所有控制点。

③ 检查和校正仪器。

④ 踏勘了解测区的地形情况、平面和高程控制点的位置和完好情况。

⑤ 拟订作业计划。

传统测图使用的仪器应符合下列要求：

① 视距乘常数应在 100 ± 0.1 以内。

② 垂直度盘指标差不应大于 $\pm1'$。

③ 比例尺长度误差不应大于 0.2 mm。

④ 量角器直径不应小于 20 cm，偏心差不大于 0.2 mm。

在原图纸上展绘图廓点、线、坐标格网和所有控制点。各类点、线的展绘误差应符合表 10-13 的规定。

表 10-13 展点误差

项　　目	限差(mm)
方格网线粗度与刺孔直径	0.1
图廓对角线长度与理论长度之差	0.3
图廓边长、格网长度与理论长度之差	0.2
控制点量测长度与坐标反算长度之差	0.2

(2) 地形图测绘方法及要求

① 传统测图要求。

大比例传统地形测图可选用大平板仪、经纬仪配合半圆仪法等方法进行。

传统测图时,施测碎部点可采用极坐标法、方向交会法、距离交会法、方向距离交会法、直角坐标法等进行。

仪器的安置及测站上的检查应符合下列规定:

a. 仪器对中误差不应大于图上 0.05 mm。

b. 以较远的一点标定方向,其他点进行检查。采用经纬仪测绘时,其角度检测值与原角值之差不应大于 2′。每站测图过程中,应随时检查定向点方向,采用经纬仪测图时归零差不应大于 4′。

c. 检查另一测站点高程,其较差不应大于 1/5 基本等高距。

传统测图时,地物点、地形点最大视距长度应符合表 10-14 的规定。

表 10-14 碎部点的最大视距长度(单位:m)

比例尺	最大视距长度	
	地物点	地形点
1:500	—	70
1:1000	80	120
1:2000	150	200

需要注意的是:采用 1:500 比例尺测图时,在建成区和平坦地区以及丘陵地,地物点的距离应采用皮尺量距或电磁波测距,皮尺丈量最大长度为 50 m;山地和高山的地物点最大视距可按地形点要求。

② 数字测图要求。

数字测图时,碎部点坐标可采用极坐标法、量距法、交会法等,碎部点高程宜采用三角高程测量。碎部测量与图根测量可同时进行或分开进行。

设站时,仪器对中误差不应大于 5 mm。照准一图根点作为起始方向,观测另一图根点作为检核,算得检核点的坐标误差不应大于图上 0.2 mm。检查另一测站高程,其较差不应大于 1/5 基本等高距;仪器高、镜高应量记至 mm。采用绘草图的数字化成图系统,应在采集数据的现场,实时绘制测站草图。采集数据时,角度应读记至秒,距离应读记至毫米。测距最大长度应符合表 10-15 的规定。采集的数据应进行检查,删除错误数据,及时补测错漏数据,超限的数据应重测。

表 10-15 碎部点的最大测距长度(单位:m)

比例尺	最大测视距长度	
	地物点	地形点
1:500	160	300
1:1000	320	500
1:2000	600	800

数据文件应及时存盘,并做备份。

③ 地形测图基本要求。

传统测图时,测绘地物、地貌应遵守"看不清不绘"的原则。地形图上的线划、符号和注记应在现场完成。

测图过程中应认真进行自检自校。每测站工作完毕后,应对照实地检查地物地貌是否表示完整,是否有遗漏,综合取舍是否恰当。

按基本等高距测绘的等高线为首曲线。从0米算起,每隔四根首曲线加粗一根计曲线,并在计曲线上注明高程,字头朝向高处,但需避免在图内倒置。山顶、鞍部、凹地等不明显处等高线应加绘示坡线。当首曲线不能显示地貌特征时,可测绘间曲线。城市建筑区和不便于绘等高线的地方,可不绘等高线。高程注记点分布应符合下列规定:

a. 地形图上高程注记点应分布均匀,丘陵地区高程注记点间距宜符合表10-16的规定。

表10-16 丘陵地区高程注记点间距(单位:m)

比例尺	1:500	1:1000	1:2000
高程注记点间距	15	30	50

b. 山顶、鞍部、山脊、山脚、谷底、谷口、沟底、沟口、凹地、台地、河川湖池岸旁、水崖线上以及其他地面倾斜变换处,均应测高程注记点。

c. 城市建筑区高程注记点应测设在街道中心线、街道交叉中心、建筑屋墙基脚和相应的地面、管道检查井井口、桥面、广场、较大的庭院内或空地上以及地面倾斜变换处。

d. 基本等高距为0.5 m时,高程注记点应注至厘米;基本等高距大于0.5 m时,可注至dm。

地形原图铅笔整饰应符合下列规定:

a. 地物、地貌各要素应主次分明、线条清晰、位置准确、交接清楚。

b. 高程注记的数字,字头朝北,书写应清楚整齐。

c. 各项地物、地貌均应按规定符号绘制。

d. 各项地理名称注记位置应适当,并检查有无遗漏或不明之处。

e. 等高线须合理、光滑、无遗漏,并与高程注记点相适应。

f. 图幅号、方格网坐标、测图者姓名及测图时间应书写正确齐全。

(3) 地形图测绘内容及取舍

地形图应表示测量控制点、居民地和垣栅、工矿建(构)筑物及其他设施、交通及附属设施、管线及附属设施、水系及附属设施、境界、地貌和土质、植被等要素,并对各要素进行名称注记、说明注记及数字注记。

地物、地貌各要素的表示方法和取舍原则,除应按现行国家标准《1:500 1:1000 1:2000地形图图式》GB/T 20257.1—2007执行外,还应符合下列之规定:

① 各级测量控制点均应展绘在原图板上并加注记。水准点按地物精度测定平面位置,图上应表示。

② 居民地和垣栅的测绘。

居民地按实地轮廓测绘,房屋以墙基为准正确测绘出轮廓线,并注记建材质料和楼房层次,依据不同结构、不同建材质料,不同楼房层次等情况进行分割表示。1:500、1:1000测图房屋一般不综合,临时性建筑物可舍去;1:2000测图可适当综合取舍,居民区内的次要巷道图上宽度小于0.5 mm的可不表示,天井、庭院在图上小于6 mm² 以下的可综合,房屋层次及建材根据需要注出。建筑物、构筑物轮廓凸凹在图上小于0.5 mm时可用直线连接。道路通过散列式居民地不宜中断,按真实位置绘出。

城区道路以路沿线测出街道边沿线,无路沿线的按自然形成的边线表示。街道中的安全岛、绿化带及街心花园应绘出。

依比例尺表示的垣栅,准确测出基部轮廓并配置相应的符号;不依比例尺表示的垣栅需测绘出点、线位置并配置相应的符号。

街道的中心处、交叉处、转折处及地面起伏变化处,重要房屋、建筑物基部转折处,庭院中,各单位的出入口等择要测注高程点,垣栅的端点及转折处也要择要测注高程点。

③ 工矿建(构)筑物及其他设施的测绘。

包括矿山开采、勘探、工业、农业、科学、文教、卫生、体育设施和公共设施等,地形图上应正确表示。依比例尺表示的应准确测出轮廓,配置相应的符号并根据设施的名称或设施的性质加注文字说明;不依比例尺表示的设施应准确测定定位点、定位线的位置,并加注文字说明。

凡具有判定方位、确定位置、指示目标作用的设施应测注高程,如入井口、水塔、烟囱、打谷场、雷达站、水文站、岗亭、纪念碑、钟楼、寺庙、地下建筑物的出入口等。

④ 独立地物是判定方位、指示目标、确定位置的重要依据,必须准确测定位置。独立地物多的地区,优先表示突出的,其余可择要表示。

⑤ 交通及附属设施的测绘。

所有的铁路、有轨车道、公路、大车路、乡村路均应测绘。车站及附属建筑物、隧道、桥涵、路堑、路地、里程碑等均需表示。在道路稠密地区,次要的人行道可适当取舍。铁路轨顶(曲线要取内轨顶)、公路中心及交叉处、桥面等应测取高程注记点,隧道、涵洞应测注底面高程。公路及其他双线道路在大比例尺图上按实宽依比例尺表示,若宽度在图上小于0.6 mm,则用半比例尺符号表示。公路、街道按路面材料划分为水泥、沥青、碎石、砾石、硬砖、沙石等,以文字注记在图上。铺面材料改变处应用点线分离。出入山区、林区、沼泽区等通行困难地区的小路,以及通往桥梁、渡口、山隘、峡谷及具有其他特殊意义的小路一般均应测绘。居民地间应有道路相连并尽量构成网状。

1:500、1:1000测图铁路依比例尺表示铁轨轨迹位置,1:2000测图测绘铁路中心位置用不依比例尺符号表示。电气化铁路应测出电杆(铁塔)的位置。火车站的建筑物按居民地要求测绘并加注名称。车站的附属设施如站台、天桥、地道、信号机、车档、转车盘等均按实际位置测出。

公路按其技术等级分别依高速公路、等级公路(1～4级)、等外公路按实地状况测绘并注记技术等级代码。国家干线还要注记国道线编号。等级公路应注记铺面宽和路基宽度。道路在同一水平高度相交时,中断低一级的道路符号;不在同一水平相交的道路交叉处应绘以桥梁或其他相应的地形符号。

桥梁是联结铁路、公路、河运等交通的主要纽带,正确表示桥梁的性质、类别,按实地状况测绘出桥头、桥身的准确位置,并根据建筑结构、建材质料加注文字说明。

正确表示河流、湖泊、海域的水运情况。码头、渡口、停泊场、航行标志、航行险区均应测绘。

对铁路、公路、大车路等道路,图上每隔10~15 cm及路面坡度变化处应测注高程点。桥梁、隧道、涵洞底部、路堑、路堤的顶部应测注高程,路堑、路堤亦要测注比高。当高程注记与比高注记不易区分时,在比高数字前加"+"号。

⑥ 管线及附属设施的测绘。

正确测绘管线的实地定位点和走向特征,正确表示管线类别。

永久性电力线、通信线及其电杆、电线架、铁塔均应实测位置。电力线应区分高压线和低压线。居民地内的电力线、通信线可不连线,但应在杆架处绘出连线方向。

地面和架空的管线均应表示,并注记其类别。地下管线根据用途需要决定表示与否,但入口处和检修井需表示。管道附属设施均应实测位置。

⑦ 水系及附属设施的测绘:海岸、河流、湖泊、水库、运河、池塘、沟渠、泉、井及附属设施等均应测绘。海岸线以平均大潮高潮所形成实际痕迹线为准,河流、湖泊、池塘、水库、塘等水压线一般按测图时的水位为准。高水界按用图需要表示。溪流宽度在图上大于 0.5 mm 的用双线依比例尺表示,小于 0.5 mm 的用单线表示;沟渠宽度在图上大于 1 mm(1∶2000测图大于 0.5 mm)的用双线表示,小于 1 mm(1∶2000 测图小于 0.5 mm)的用单线表示。表示固定水流方向及潮流向。水深和等深线按用图需要表示。干出滩按其堆积物和海滨植被实际表示。水利设施按实地状况、建筑结构、建材质料正确表示。较大的河流、湖、水库,按需要施测水位点高程及注记施测日期。河流交叉处、时令河的河床、渠的底部、堤坝的顶部及坡脚、干的滩、泉、井等要测注高程,瀑布、跌水测注比高。

⑧ 境界的测绘:正确表示境界的类别、等级及准确位置。行政区划界应有相应等级政府部门的文件、文本作为依据。县级以上行政区划界应表示,乡(镇)界按用图需要表示。两级以上境界重合时,只绘高级境界符号,但需同时注出各级名称。自然保护区按实地绘出界线并注记相应名称。

⑨ 地貌和土质利用等高线,配置地貌符号及高程注记表示。当基本等高距不能正确显示地貌形态时加绘间曲线,不能用等高线表示的天然和人工地貌形态,需配置地貌符号及注记。居民地中可不绘等高线,但高程注记点应能显示坡度变化特征。各种天然形成和人工修筑的坡、坎,其坡度在 70°以上时表示为陡坎,在 70°以下时表示为斜坡。斜坡在图上投影宽度小于 2 mm 时宜表示为陡坎并测注比高,当比高小于 1/2 等高距时,可不表示。梯田坎坡顶及坡脚在图上投影大于 2 mm 以上时实测坡脚,小于 2 mm 时测注比高,当比高小于 1/2 等高距时,可不表示。梯田坎较密、两坎间距在图上小于 10 mm 时可适当取舍。断崖应沿其边沿以相应的符号测绘于图上。冲沟和雨裂视其宽度按图式在图上分别以单线、双线或陡壁冲沟符号绘出。

为了便于判读,每隔四根等高线描绘一根计曲线,当两根计曲线的间隔小于图上 2.0 mm 时,只绘计曲线。应选适当位置在计曲线上注记等高线高程,其数字的字头应朝向坡度升高的方向。在山顶、鞍部、凹地、陷地、盆地、斜坡不够明显处及图廓边附近的等高线上,应适当绘出示坡线。等高线如遇路堤、路堑、建筑物、石坑、断崖、湖泊、双线河流以及其他地物和地貌符号时应间断。各种土质按图式规定的相应符号表示。应注意区分沼泽地、沙地、岩石地、露岩地、龟烈地、盐碱地。

⑩ 植被的测绘。

应表示出植被的类别和分布范围。地类界按实地分布范围测绘;在保持地类界特征前提下,对凹进凸出部分图上小于 5 mm 者可适当综合;地类界与地面上有实物的线状符号

(道路、河流、坡坎等)重合或接近平行且间隔小于 2 mm 时地类界可省略不绘;当与境界、等高线、管线等符号重合时,地类界移位 0.2 mm 绘出。

耕地需区分稻田、旱地、菜地及水生经济作物地。以树种和作物名称区分园地类别并配置相应的符号。林地在图上大于 25 cm² 以上的须注记树名和平均树高,有方位和纪念意义的独立树要表示。田埂宽度在图上大于 1 mm(1∶500 测图 2 mm)以上者用双线表示。在同一地段内生长多种植物时,图上配置符号(包括土质)不超过三种。田角、田埂、耕地、园地、林地、草地均需测注高程。

⑪ 注记:地形图上应对行政区划、居民地、城市、工矿企业、山脉、河流、湖泊、交通等地理名称调查核实,正确注记。注记使用的简化字应按国务院颁布的有关规定执行。图内使用的地方字应在图外注明其汉语拼音和读音。注记使用的字体、字级、字向、字序形式按《1∶500 1∶1000 1∶2000 地形图图式》(GB/T 20257.1—2007)执行。

(4) 地形图的拼接

每幅图应测出图廓外 5 mm,自由图边在测绘过程中应加强检查,确保无误。地形图接边只限于同比例尺同期测绘的地形图。接边限差不应大于规定的平面、高程中误差。接边误差超过限差时,应现场检查改正,如不超过限差,平均配赋其误差。接边时线状地物的拼接不得改变其真实形状及相关位置,地貌的拼接不得产生变形。

(5) 地形图的检查与验收

地形图的检查包括自检、互检和专人检查。在全面检查认为符合要求之后,即可予以验收,并按质量评定等级。

(6) 数字地形图

地形图精度统计如表 10-17 所示。

表 10-17 地形图精度

1∶500		地物点平面点位中误差 m_{xy}(m)	等高线插求高程中误差 m_h(m)
一	允 许	±0.02	±0.15
	实 测	±0.0065	±0.14
二	允 许	±0.05	±0.15
	实 测	±0.0088	±0.14

7. 测绘成果检查

(1) 自检互检

① 作业小组首先对外业控制资料和成果、图件资料,按有关规范和要求,进行认真的检查核对,对检查出的问题进行修改,各小组进行自检互检,然后提交给指导教师进行过程检查。

② 野外检查图幅 100%。地形部分采用巡视与设站检查。内业检查主要检查地物属性编码是否正确,等高线属性编码是否正确,表示是否合理,地块划分是否有遗漏,对检查中发现的遗漏与错误进行修改。

(2) 过程检查

① 过程检查由指导老师负责,在小组自检互检后进行。

② 过程检查必须保存检查记录。

③ 对观测记录、平差计算资料进行查阅、对照。

④ 控制检查:各项精度都满足规范要求。

⑤ 1∶1000 地形图检查:地形图内容齐全,各种地物及符号表示正确,地形、地貌能很好地反映测区的现状。

⑥ 外业检查:各项精度都满足规范要求。

(3) 数据安全措施

内业处理所使用的计算机为专用计算机,严禁接入互联网。数据资料配备专用设备由专人保管。

(4) 环境、安全管理

① 布设控制点时,使用水泥、油漆的过程中,存在水泥、油漆的泼洒,从而导致对环境的污染。

② 作业人员野外用餐时,乱丢的快餐盒对环境存在污染。

③ 高压电线、雷击有危及跑尺人员身体健康的安全隐患。

④ 下雨路滑,在坡度较大的地方作业,作业人员有摔伤的危险。

⑤ 施测过程中,注意交通安全。

10.4.6 实习成绩评定办法

实习成绩根据实习期间每个同学的工作表现、提交成果的质量综合评定,具体评分依据如表 10 - 18 所示。

表 10 - 18 实习成绩评定

序号	实习内容	实习地点	分数
1	图根导线测量	淮北实习基地	20
2	四等水准测量	淮北实习基地	20
3	等高线测量	淮北实习基地	60
总计			100

思 考 题

1. 试举例说明高程测量的应用案例。
2. 试举例说明角度测量的应用案例。
3. 试举例说明坐标测量的应用案例。
4. 线路纵断面测量方法有哪些?
5. 线路横断面测量方法有哪些?
6. 建筑物倾斜观测方法有哪些?
8. 地形测量方法有哪些?
9. 北斗定位系统在测绘工程中的应用案例有哪些?

参 考 文 献

[1] 中国标准化研究院.中华人民共和国学科分类与代码国家标准:GB/T 13745—2009[M].北京:中国标准出版社,2009.
[2] 宁津生,等.测绘学概论[M].2版.武汉:武汉大学出版社,2008.
[3] 武汉测绘科技大学《测量学》编写组.测量学[M].3版.北京:测绘出版社,2010.
[4] 孔祥元,郭际明,刘宗泉.大地测量学基础[M].2版.武汉:武汉大学出版社,2010.
[5] 王之卓.摄影测量原理[M].武汉:武汉大学出版社,2007.
[6] 李德仁,王树根,周月琴.摄影测量与遥感概论[M].2版.北京:测绘出版社,2008.
[7] 张祖勋.数字摄影测量[M].2版.武汉:武汉大学出版社,2012.
[8] 孙家栋.遥感原理与应用[M].武汉:武汉大学出版社,2003.
[9] 毛赞猷.新编地图学教程[M].3版.北京:高等教育出版社,2017.
[10] 张正禄.工程测量学[M].2版.武汉:武汉大学出版社,2013.
[11] 李征航,黄劲松.GPS原理与应用[M].武汉:武汉大学出版社,2004.
[12] 中国卫星导航定位协会.2015-卫星导航定位与北斗系统应用[M].北京:中国地图出版社,2015.
[13] 武汉大学测绘学院测量平差学科组.误差理论与测量平差基础[M].3版.武汉:武汉大学出版社,2017.
[14] 四川省城乡规划设计研究院.城市用地竖向规划规范:CJJ 83—1989[M].北京:中国建筑工业出版社,1999.
[15] 顾孝烈,鲍峰,程效军.测量学[M].上海:同济大学出版社,2016.
[16] 高井祥.测量学[M].徐州:中国矿业大学出版社,2012.
[17] 潘正风,等.数字测图原理与方法[M].2版.武汉:武汉大学出版社,2009.
[18] 中国有色金属工业协会.工程测量规范:GB 50026—2007[M].北京:中国标准出版社,2008.
[19] 国家治理监督检验检疫总局与国家标准化管理委员会.国家基本比例尺地形图图式 第一部分:1∶500　1∶1000　1∶2000 地形图图式:GB/T 20257.1—2007[M].北京:中国标准出版社,2007.
[20] 中华人民共和国住房和建设部.城市测量规范:CJJ/T 8—2011[M].2版.北京:中国标准出版社,2011.
[21] 翟翊,赵夫来,杨玉海,等.现代测量学[M].2版.北京:测绘出版社,2016.
[22] 王侬,过静珺.现代普通测量学[M].2版.北京:清华大学出版社,2009.
[23] 中华人民共和国住房和建设部.卫星定位城市测量技术规范:CJJ/T 73—2010[M].北京:中国建筑工业出版社,2010.
[24] 谢宏全,谷风云.地面三维激光扫描技术与应用[M].武汉:武汉大学出版社,2016.
[25] 王利军,傅游.AutoCAD2008中文版基础教程[M].北京:清华大学出版社,2008.
[26] 南方测绘仪器公司.CASS 7.0 标准教程[EB/OL].南方测绘集团官网,http://www.southsurvey.com/download.php?pageid=3&id=2,2018-05-22/2018-05-22.